Claire
克萊兒的廚房日記 著

一鍋到底

亂亂煮

到底是亂亂煮一鍋，
還是一鍋到底亂亂煮？

每當下班下課拖著疲憊身軀踏上回家的路，你是不是常常煩惱晚餐要吃什麼？

什麼都要自己來，吃飽還有別的事要忙，或你累得要命踏進門，還得洗米洗菜張羅一家老小吃飯，家人吃飽你得接著收拾廚房、洗碗擦地，天天忙得像陀螺似的，弄乾淨後只想在沙發上躺平喘口氣。

這本料理書是克萊兒為汲汲營營、辛苦的上班族、上學族，沒有太多時間煮飯，或不想花太多時間煮飯的朋友們所設計的各式懶人鍋物。用輕鬆又簡單的方法，教會你貫通亂亂煮卻保證美味的邏輯，進而能看見冰箱有什麼就煮什麼，用最簡單的廚房配件一鍋煮，快速出餐止飢，還能攝取完整營養並補充能量，快速出餐之外還省洗很多碗盤，讓你能輕鬆清理廚房，多出時間陪伴家人或好好休息。

一鍋到底亂亂煮，從字面上就是全程只用一個鍋子烹煮，隨便亂煮一鍋出來，看到這裡，不免有人問⋯⋯啊，這樣能吃哦？能，不但能，還非常好吃呢！

一鍋裡有滿滿豐盛好料，吃得到多種食材也吃得飽，重點是湯頭自然清甜且非常健康。在Instagram裡克萊兒的無數粉絲都跟著試作過各式鍋物，大家對這樣亂亂煮出來的口味感到驚豔，不但方便又省時省力，天天變化口味亂亂煮，卻怎麼也吃不膩，為滿足眾多粉絲的期待，整理了這一本《一鍋到底亂亂煮》料理書，設計出82道鍋物料理，希望能為讀者們帶來更美好的生活體驗與料理樂趣。

Claire 克萊兒

用最少資源製作美味的一餐
是一種效率的展現

大家好，我是永遠不會承認自己是奧客的奧客協會會長（這是一種偏見心理，我不同意！）。我認為運用最少資源製作美味的一餐是一種效率的展現。這不是懶，這是一種精打細算。身為一個極度討厭洗碗的人，我的哲學就是洗越少東西越好。

首先，難道備料蔥、薑、蒜和辣椒，用四個小碗分開裝，一種一碗，煮出來的東西就會比較好吃嗎？並不會，何況有時候這些東西根本只隔幾秒下鍋炒，因為這幾秒而要多洗四個碗，我心累。砧板就是它們最好的歸宿，我將精打細算在砧板上賦予它們一個屬於它們各自家的角落，什麼料理碗？這種東西不在我的字典裡。

再者，難道備料醬油、蠔油、豆瓣醬、米酒、鹽、糖，又要分成好幾個碟子或用好幾支湯匙嗎？不，以上只會造成洗碗的負擔，我只需要一支湯匙就可以走遍天下。請從不會弄髒或沾溼湯匙的乾性物體：鹽和糖開始，接著便可以以乾淨湯匙的狀態去挖豆瓣醬，保證不會汙染原本豆瓣醬本身，最後再把醬油、米酒、蠔油等本來就是用倒的東西倒出來到湯匙上。看！既可以完成所有調味程序，又可以避免歐巴桑（我老媽）們最介意的調味料罐內彼此污染，多麼方便！

最後，再讓我舉個具體的例子吧：煮泡麵請用待會吃泡麵的筷子當攪拌工具、分肉的時候用剪刀剪就好了不需要拿砧板和菜刀、需要煮很多道料理請從不會沾鍋的煎蛋或炒青菜開始，以減少多餘的洗鍋子、洗ＸＸ動作……

我媽每次經過廚房看我煮菜，都會翻白眼碎念我在亂搞、亂煮。但她不懂的是，每次看她用完的碗盤餐具炸得廚房到處都是，在水槽裡堆得多高，我的心就有多沉重，尤其當她暗示這些都要由享用餐點的我來洗的時候……我想我永遠無法理解她的世界。

雖然我覺得我媽這本《一鍋到底亂亂煮》技術上離我的及格標準還有點遠，但也還行啦、勉勉強強，身為一個旁觀她每次煮東西都會使用無數容器的人，我覺得她盡力了，至少有一點進步。總之，希望大家會喜歡。

自認有時候煮得比我媽好吃的　奧客協會會長　2022.11.15

目錄

Chapter ①

肚子餓餓
　　一鍋吃飽飽

亂亂煮鍋飯

Chapter ②

肚子餓餓
　　一鍋吃飽飽

亂亂煮鍋
麵

Chapter ③

肚子餓餓
　　一鍋吃飽飽

亂亂煮鍋
冬粉 & 米粉

Chapter ④

肚子餓餓
一鍋吃飽飽

不按牌理
亂亂煮

Chapter ⑤

肚子餓餓
一鍋吃飽飽

亂亂煮也能
增肌減脂

Chapter ⑥

肚子 3 分餓，
　　只想解饞不想吃太飽

亂亂煮
　　順便減醣

Chapter ⑦

肚子 3 分餓，
　　只想解饞不想吃太飽

亂亂煮
　　只想喝個湯

一鍋到底亂亂煮，絕對好吃邏輯篇

湯桶舉手！我愛喝湯，而且要喝好喝的湯。

快速煮鍋物時，若只是把食材全丟進清水裡煮熟，很有可能看起來什麼都有，貌似是一鍋豐盛的好湯，但食材是食材、水終究還是水，頂多是有顏色的汆燙水，只有嚐一口的人知道這樣的煮法不能叫做湯也不能稱做鍋物。火鍋店裡的小火鍋口味之所以很受歡迎，我想一是因為店家使用的美味湯頭；二是肉片海鮮隨喜好汆燙，口感不至於太老；三是提供各式對味醬料搭配。那麼，在家要怎麼快速煮出美味的鍋物？克萊兒的私房撇步為您解鎖嚕！

一鍋亂亂煮的湯要有好湯頭、新鮮健康的食材，最好少油，沒有化學添加物，還能吃進均衡的營養，飢腸轆轆時能吃飽飽，增肌減脂時除了吃飽還能吃進滿載的蛋白質，減肥時不必挨餓、能放心進食還能減醣，胃口不好時能補充能量，喝些熱湯暖心暖胃，最重要的是煮一鍋大家一起歡樂享用，滿足自己和家人。

煮食的世界何其大，各門各派、千變萬化、樣式多元，作者僅素人煮婦一枚，遠不及各界前輩、廚藝大師或私廚高手，僅以自家經驗提供食材使用與料理步驟供需要的讀者參考。本書提供的食譜大多以1～2人鍋為主，大家可依自家需求的份量按食譜比例調整。

讓湯頭更美味的食材

利用食材特性搭配料理方式，選用可釋出甜味和香氣的多種食材，例如牛番茄、胡蘿蔔、白蘿蔔、絲瓜、南瓜、山藥、洋蔥、各式菇類、蔥薑蒜等蔬菜，以及富含蛋白質的雞蛋、肉類和海鮮。建議烹調方式如下：

1 乾煸或油炒出香氣再煮的食材
各式菇類、雞蛋、洋蔥、蔥薑蒜。特別是菇類，將菇菇水氣炒乾讓菇味消除後飄出香氣再熬煮，或炒香的蛋酥經過煨煮後湯頭更添濃郁香氣。

2 先油煸炒出甜度再煮的食材

牛番茄、胡蘿蔔、洋蔥。洋蔥油炒後嗆度降低甜度提高，而耐心用油炒軟的牛番茄和胡蘿蔔可釋出非常美味的甜度，再經過熬煮可完美增加湯頭層次。

3 可直接以湯熬煮出甜度的食材

例如絲瓜、南瓜、蒲瓜、白蘿蔔、竹筍、山藥等。這些食材需要熬煮的時間略有不同，但這些食材本身特有的滋味和清甜都非常迷人。

4 先油煎再回鍋的食材

雞蛋、肉類、海鮮。過油後鮮甜和香氣都會釋出，留在鍋裡的油水結合可提升湯頭風味。但值得注意的是，這類蛋白質食材下鍋前務必拭乾水分，如此經過烹調才能快速啟動梅納反應產生美好愉悅的香氣。本書重點是快速鍋煮不是燉湯模式，所以建議以回鍋方式烹煮此類食材，吃鍋物時才能享用蛋白質該有的軟嫩或Q彈口感。

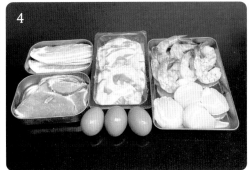

有醬料就給讚

使用風味獨特的醬料或高湯來節省時間，有時候家裡剛好沒有可炒湯頭的食材，這時直接使用自己偏好的醬料最方便。例如：韓式辣醬、味噌、沙茶、麻辣、泡菜汁、高湯、豆乳或甘甜的醬油。建議醬料可以這樣搭配調味：

調味 1
韓式辣醬可搭配泡菜、鰹魚露、白醬油、白芝麻、乾辣椒粉，簡單燒出韓式鍋物。

調味 2
紅味噌、白味噌、或大醬，可搭配較甘甜風味的淡醬油和白芝麻，健康養生。

調味 3
沙茶醬熱量高，偶爾解饞來一鍋，搭配醬油炒鍋底最對味，使用豆乳取代清水湯頭更濃郁。

調味 4
麻辣醬是我家常備，無辣不歡的朋友一定無法戒掉麻辣鍋，自己在家煮更滿足，油潑辣子、麻辣醬搭配麻辣粉，麻麻辣辣熱呼呼，天冷時來一鍋真是無限美好。

調味 5
高湯自己煮或超市購入皆可，右頁是自己製作柴魚昆布高湯的兩種方式。

煮高湯

＊圖左

1　10g昆布泡入1000ml冷水冷藏隔夜，將昆布和昆布水放鍋裡煮。

2　昆布水煮到水面開始冒小泡泡，立刻將昆布取出。

3　待高湯煮滾隨即放入10g柴魚片（裝入滷包袋）。

4　煮1分鐘就關火。

5　5分鐘後將柴魚片取出，日式高湯即完成。

冷泡高湯

＊圖右

1　10g昆布加10g柴魚片（裝入滷包袋）。

2　泡入800ml過濾水冷藏一日。

3　移除昆布和柴魚包，高湯煮沸後即可食用。

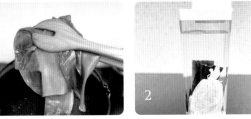

◆ 因為浸泡用的水量稍少，煮湯時還可補少量清水，風味相去不遠，冷泡高湯方式省時省力，我多半是採用冷泡法，除了自己搭配食材外，也有市售高湯乾料包，只要加水煮沸也很方便。

◆ 若以上醬料都不喜歡，準備一瓶甘甜風味的天然發酵醬油，也能簡單炒出好喝鍋底。

◆ 食譜中所有調味份量皆可依個人偏好增減。

減醣、減脂怎麼吃？

這個主題僅將克萊兒平時為自己和家人準備餐食的經驗分享，也套用在本書食譜中，若想更深入了解減醣減脂與健康指數相關資訊，請參考相關單位的專業訊息或諮詢醫師和營養師。

減脂
適量攝取好的油脂很健康，可以幫助代謝，倘若正在進行減重計畫或平常就偏好清爽少油的鍋物，炒鍋底時盡量少放點油，蛋白質選用植物性蛋白、瘦肉或海鮮，若還是很想吃帶有油脂的加工品比如炸豆皮、油豆腐或韓式魚板，建議先滾水汆燙去油，最好清水洗淨瀝乾再下鍋，以減少攝取不明油脂。

炸豆皮入滾水汆燙。

炸豆皮燙軟釋出油脂。

炸豆皮再清水沖洗去油。

使用無脂肪的海鮮。

使用較瘦的豬里肌。

使用低脂肪雞胸肉。

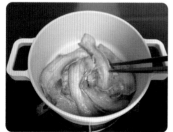
煸出五花肉油，
將多餘油取出可用來炒菜。

煸出絞肉油來料理，
不另外添油。

減醣

減醣不是完全無醣吧！想減醣不想吃澱粉類主食，鍋物可以增加蛋白質、根莖類或蔬菜，比如肉類、海鮮、豆腐、豆皮、南瓜、山藥、蓮藕、蘿蔔……等，也可以用蒟蒻來飽足，選用符合自己需求的食材，好吃又健康才能持續減醣行動，食材的升糖指數資訊請參考專業來源。

另外，講到增肌減醣減脂很受歡迎的豆製品，豆腐煮久會吸附湯汁，稍微煮則能保留豆香，原味豆包是豆漿加熱後表面遇空氣冷卻凝固的那層物質，非常不耐煮，不小心多煮一會兒就會溶解成豆漿嘍！干絲或豆干選用可讓鍋物多些變化，這些豆製品看似無油，但熱量還是比豆腐高出許多，建議也要經過滾水汆燙確保衛生。

1　低醣食材取代精緻澱粉。
2　植物性蛋白質增加飽足感。
3　動物性蛋白質增加飽足感。

更快開吃的主食提前備料作業

若想在很短時間要完成鍋物，建議米飯、麵條、米粉、冬粉……等主食可提前準備。

米飯
除了想吃剛煮好熱騰騰的白飯外，建議有煮飯時可多煮一點，分裝在冷藏或冷凍，臨時想煮粥時，翻翻冰箱就有。

麵條
生拉麵現煮的當然最好吃，但若沒有煮生麵的時間，可於週末休息時先將麵條煮熟瀝乾噴點油攤開放涼、分裝冷凍，就像熟烏龍麵一樣，滾水下鍋2分鐘就可以吃。也可以直接使用熟凍烏龍麵或泡麵。

米粉 / 冬粉
可於前一晚或上班前用溫水將米粉 / 冬粉泡軟瀝乾後冷藏，下班回家取出可直接下鍋，或可選用純米粉下鍋只要2分鐘。

其他
比如韓式年糕，建議選用純米製作的，這樣冷水下鍋也不擔心煮到糊掉，湯滾就煮軟很方便。

分裝的米飯 / 麵條。

分裝的米粉 / 冬粉。

機智食材備料術

本書食譜中提到的青菜都可以用自己喜歡的或家中手邊有的青菜取代，主食也可按照自己習慣和食量改動，肉類或海鮮也可依自己喜好變化。

切菜

亂亂煮麵 / 米粉 / 冬粉時，建議把食材切成條狀或絲，亂亂煮粥就建議切小塊小丁，而亂亂煮湯時，建議將食材切成尺寸接近和形狀大致相同即可。這樣一口夾起來或舀起來比較好入口。

備料盤

建議準備一個不鏽鋼備料盤，可將不同食材分開放置在同一個備料盤上，煮完之後只要清洗菜刀、砧板和一個備料盤。

調味料

建議除了香油，或最後點綴用的調味料之外，其餘醬汁可先用小碗拌勻，這樣煮起來會很有效率。

煮湯切大致相同大小。

煮粥或炒丁丁料理切丁。

煮麵 / 米粉 / 冬粉食材切絲。

用備料盤取代多個容器。

調味料準備。

醬汁預先拌好提高效率。

簡化洗滌的料理配件

盡量簡化而且共用，就是用來煮也用來吃，吃完就不用洗一堆餐具。

鍋具
除了取用一個份量合適的鍋具外，建議確認鍋子可以先炒再煮，以免煮完之後鍋底嚴重燒焦，還得要花更多時間清理。使用一人鍋可以直接當大碗公開吃。

免鍋鏟
煮一人鍋物時，建議用筷子湯匙來炒料和煮湯，煮好之後筷子湯匙直接拿來吃鍋。

活用料理碗
炒蛋先取出可放回打蛋碗中，炒肉片先取出可先放置於飯碗或鍋蓋上。總之，能少洗一個碗就少洗一個。

鍋具可炒。

鍋具可煮。

鍋子可直接吃麵。

筷子先拿來料理。

筷子再來吃飯。

打蛋碗先打蛋汁。

打蛋碗再裝炒蛋。

食材這樣下鍋滋味更銷魂

這是一鍋亂亂煮最重要的邏輯,也是避免從美味鍋物變成大鍋飯的觀念,這篇是克萊兒多年煮鍋,懶人最高指導原則的經驗分享。

1　氽燙食材 / 把麵煮熟,比如先煮滾一鍋水把麵煮熟,麵撈出來後用原鍋裡的滾水來氽燙肉片或豆皮。但水餃例外,水餃撈出來再回鍋不好吃。

2　煎炒食材,釋出香氣而不耐煮的先拿出來,例如雞蛋或肉片、海鮮。

3　越炒越甜的食材做鍋底,如牛番茄、胡蘿蔔、菇類或洋蔥。

4　加水或高湯準備煨煮湯頭。

5　蓋鍋煮滾,將釋出甜度香氣的食材好好煮一煮。

6　湯頭調味,依自家喜好的鹹淡作調整。

7　投入稍煮即熟的青菜,以及煮熟的麵 / 米粉 / 冬粉等等。

8　將煮熟卻不耐煮的食材回鍋。

9　撒入辛香料即關火。

◆ 在本書的每一道食譜中,皆以九宮格步驟圖來說明作法,讓大家更容易簡單上手,並快速熟悉下鍋順序,雖說是亂亂煮一鍋,但完成的鍋物,湯頭好喝,該嫩的不會乾柴,該Q彈的不會硬邦邦,該有脆度的不會軟爛,鍋裡的每樣食材都有最好的口感,再搭配上自己喜歡的醬料,肯定比去外面吃鍋物更能滿足味蕾。

鍋具種類和尺寸使用參考

沒有限定哪種材質的鍋具才可以用來煮鍋物，如果想像克萊兒一樣先炒料再燉煮，建議使用鍋底厚實的湯鍋，鍋具才不會因油煎炒而燒壞鍋底。若沒有合適的鍋具可先炒後煮，也可先用炒鍋再換湯鍋，或直接用炒鍋來完成，一切皆以自己偏好來調整。

通常我使用鍋具的尺寸供參考：
1人鍋：使用18公分湯鍋，加麵加料容量夠大較好操作，尤其煮韓國泡麵不須折斷。
2人鍋：使用18公分湯鍋煮粥或煮湯，使用20公分湯鍋煮麵。
3～4人鍋：使用20公分湯鍋煮粥或煮湯，使用22～24公分湯鍋煮麵。

本書中所示範的鍋具名稱、尺寸與容量僅供參考，實際商品名及相關數據以原廠官方資訊為準。以下為筆者個人使用心得：

平底煎炒鍋

使用不沾鍋快炒最省時省力，唯不沾平底鍋不耐高溫，應用於快手料理較合適，若料理需花時間高溫油煎或半煎炸，建議使用厚度較大的鑄鐵煎鍋，受熱均勻、蓄熱佳，小火也可穩定操作。

陶瓷不沾湯鍋

重量比琺瑯鑄鐵鍋輕便許多，也可先炒後煮，不沾效果良好，導熱快但水分流失也較快，注意火候控制即可。

陶鍋 / 砂鍋

耐高溫保溫佳，蓄熱性優良，長時間小火熬粥或煲肉湯，風味迷人，鍋具加熱和降溫時間稍長，離火後鍋具溫度仍然很高要注意安全，收納取用需要考量便利性。

單柄湯鍋

單柄小鍋，導熱快速，煮泡麵煮湯一人食方便有效率，建議也是中小火烹煮就好，避免水分快速流失而燒焦鍋邊或鍋底。

琺瑯鑄鐵鍋

鍋具厚實，即使小鍋架在爐子上翻炒，仍然穩當安全不容易滑動，除了可先炒後煮外，亦可做無水料理，蓋鍋加熱時水分不易流失，唯此類鍋具重量不輕，方便收納和取用應列入考量重點。

Chapter

肚子餓餓
　　一鍋吃飽飽

亂亂煮鍋

飯

菇菇牡蠣乾炊飯

忍不住將這道炊飯分享給大家，
日晒後的澎湖牡蠣乾，
不但沒有腥味反而呈現濃濃海味，
簡簡單單成就一鍋極度鮮美的牡蠣炊飯。

鍋具：琺瑯鑄鐵湯鍋

容量：18cm / 1.7L

材料［3人］
白米⋯2杯
牡蠣乾⋯60g（約20顆）
胡蘿蔔⋯50g
黑蠔菇⋯150g
青蔥⋯2支
昆布⋯3g

奶油⋯15g
清水⋯350ml
清酒或水⋯適量（泡牡蠣乾用）
檸檬/金桔/柚子⋯適量(擇一可)

調味料
油⋯適量

醬汁
醬油⋯2大匙
泡過牡蠣乾的酒水⋯2大匙
清酒⋯2大匙
味醂⋯1大匙

作法

❶ 牡蠣乾以清水溫柔沖洗，接著泡入清酒或水中，水量要淹過牡蠣乾，浸泡一夜至少6小時，牡蠣取出再次以清水沖洗瀝乾，泡過牡蠣的酒水底部可能有少許細沙，靜置5分鐘後從表面輕輕舀出2大匙備用其餘可丟棄。

❷ 白米洗淨後浸泡30分鐘至1小時瀝乾備用、胡蘿蔔切細絲、菇菇剝小株、青蔥切蔥花。

❸ 中小火起油鍋，下胡蘿蔔絲和黑蠔菇，耐心炒軟先取出。

❹ 原鍋不必清洗，倒入米粒、清水350ml和醬汁，拌勻。

❺ 接著將炒好的菇菇胡蘿蔔倒入鍋中，鋪上牡蠣，再放上一小段昆布。

❻ 起中小火蓋鍋煮，至完成前鍋蓋全程不掀開，看見水蒸氣飄出來轉最小火煮15分鐘。

❼ 關火繼續燜15分鐘，掀蓋放入奶油拌勻，撒入蔥花。

❽ 享用前擠入幾滴檸檬汁、金桔汁或搭配少許柚子肉，完美開飯。

美味小撇步

◆ 烹煮過後的牡蠣乾尚有鹹度，所以調味比例上筆者是讓米飯部分吃起來有淡淡鹹味而已，若想要米飯有足夠的鹹度，醬油可調整為3大匙。

◆ 若將牡蠣乾只浸泡2小時，炊飯一樣鮮味十足，牡蠣乾則有類似干貝乾嚼勁，很美味。

櫻花蝦蛋炒飯

用滿滿海味的櫻花蝦來炒飯，
不但能讓蛋炒飯瞬間升級，
還能省去備料時間快速出餐。

鍋具：平底不沾鍋
尺寸：24cm

材料［1人］

熟米飯⋯180g
櫻花蝦乾⋯8g
雞蛋⋯2顆
四季豆⋯50g
青蔥⋯3支

調味料

芝麻油⋯適量
鹽⋯1/2小匙或適量
黑胡椒⋯適量

作法

❶ 雞蛋攪打均勻、四季豆切小丁、蔥切蔥花。
❷ 中小火起鍋倒入少許芝麻油，下四季豆拌炒1分鐘。
❸ 接著倒入蛋汁，隨即倒入米飯，用鍋鏟將米飯輕輕壓鬆使每一粒米飯都沾上蛋汁。
❹ 稍微翻炒後放入櫻花蝦、鹽和黑胡椒，翻炒炒鬆米粒並持續飄出櫻花蝦香氣。
❺ 若米飯還有成團現象，就用鍋鏟輕壓後再翻炒直到炒飯都粒粒分明。
❻ 最後撒入蔥花翻炒出蔥香即完成。

美味小撇步

◆ 使每顆飯粒沾上蛋汁，米飯遇熱後表面有炒蛋，米粒自然鬆開不會黏在一起。
◆ 翻炒時先投入鹽及黑胡椒也有助炒鬆飯粒。
◆ 喜歡醬油炒飯可改以1大匙醬油取代鹽，於步驟5後投入。

番茄菠菜海鮮豆乳粥

用豆乳煨煮的粥，
濃郁鹹香，
更令人驚豔的是粥裡
那剛剛好嚼勁的里肌肉和Q彈鮮甜的海鮮。

鍋具：琺瑯鑄鐵湯鍋

容量：20cm / 2.4L

材料 [3 人]
牛番茄…200g
去殼白蝦…180g
澎湖小管…120g
蟹腿肉…60g
豬里肌肉片…200g
菠菜…150g
鴻禧菇…100g

蒜瓣…3 粒
熟米飯…300g
無糖厚豆乳…400ml
清水…500ml

調味料
油…適量
鰹魚露或白醬油…50ml

海鹽…1 小匙
白胡椒粉…適量

抓洗料
米酒…適量
太白粉…適量

作法
❶ 海鮮以抓洗料徹底抓出黏夜和髒汙，再用清水洗淨後擦乾，牛番茄和鴻禧菇切小丁、菠菜切段、肉片切小片、蒜瓣切細末。

❷ 中小火起油鍋，倒入海鮮翻炒至八分熟先拿出來。

❸ 原鍋無須補油放入里肌肉炒到變白色，放入蒜末繼續炒出蒜香後也先取出。

❹ 接著下菇菇和番茄丁並補點油拌炒，炒軟番茄後倒入米飯和清水，等湯煮滾再煮 5 分鐘。

❺ 倒入里肌肉和鰹魚露降溫，從鍋子邊緣緩緩倒入豆乳，輕輕拌勻蓋鍋燜煮。

❻ 時不時攪拌一下避免鍋底燒焦，待米飯煮至喜歡的軟度，放入菠菜和海鮮稍微煮一會兒。

❼ 最後視口味補些海鹽調味、撒入少許白胡椒粉即完成。

美味小撇步
◆ 海鮮用抓洗料才能徹底洗去組織液，擦越乾油煎過後才能保住鮮甜。

◆ 海鮮和醬油可依自己喜好選用。

◆ 這鍋粥若搭配麻辣粉享用，口味也非常獨特。

快速版奶油鮮蝦燉飯

用熟米飯來做燉飯不但節省時間，
口味也不差，
一起試試！

鍋具：琺瑯鑄鐵湯鍋

容量：18cm / 1.75L

材料 [2 人]
白蝦…7 尾
  （蝦肉淨重 200g）
熟米飯…360g
蘑菇…50g
莧菜葉或菠菜葉…30g
四季豆…3 根
起司片…1 片

蒜瓣…4 個
青蔥…2 支
清水…300ml
動物性鮮奶油…200ml

調味料
油…適量
白葡萄酒…4 大匙

鹽…3/4 小匙
黑胡椒粒…適量

抓洗料
米酒…1 大匙
太白粉…1 小匙

作法

❶ 將白蝦去頭去尾剝殼開背去腸泥，以抓洗料抓洗沖水後瀝乾，再用乾紙巾擦乾，蝦頭部分將蝦胃剪掉後沖水瀝乾，四季豆切丁、青菜切段、蒜瓣切細末、青蔥切蔥花、蘑菇切片。

❷ 中小火起油鍋，將白蝦仁兩面煎熟後先取出，原鍋放入蘑菇片、蝦頭、蒜末和蔥花，若太乾可補少許油，耐心拌炒飄出濃濃香氣。

❸ 倒入清水煨煮蝦湯，蝦頭可用鍋鏟壓一下，煮5～10分鐘後把蝦頭先取出來。

❹ 倒入白葡萄酒和鮮奶油，小火煮2分鐘後加鹽，再將熟米飯入湯拌勻，蓋鍋慢慢燉煮。

❺ 待鍋裡表面尚有少許湯汁，放入莧菜葉和四季豆，翻拌均勻。

❻ 最後將起司片撕小片投入，再將白蝦夾回鍋裡，關火蓋鍋燜3分鐘就完成了。

❼ 享用前別忘了撒上少許黑胡椒粒提味。

美味小撇步

◆ 一鍋到底燉飯圖省時方便，沒花很多時間煉蝦湯，若有時間可另起一湯鍋將蝦頭和蝦殼都拿來煉蝦湯，再來做燉飯，鮮蝦風味更迷人。

◆ 青菜可自由搭配，但建議採用易熟的種類，可直接入燉飯中短暫燜熟的比較方便。

土魠魚南瓜粥

澎湖土魠魚盛產期，
我一定會常常煮土魠魚粥，
把扎實的魚肉切成骰子般大小再煎得焦酥，
哦謀！來一口甜到不行的粥，
咬到魚丁丁，越嚼越香！

鍋具：陶瓷不沾湯鍋

容量：18cm / 1.5L

材料 [2 人]

澎湖土魠魚⋯200g
南瓜⋯170g
絲瓜⋯250g
熟玉米粒⋯60g
熟米飯⋯160g
清水⋯700ml
薑片⋯2 片

調味料

油⋯適量
鹽⋯適量
清酒⋯1 大匙
白胡椒⋯適量

作法

❶ 土魠魚、南瓜、絲瓜都切丁，建議都不要去皮，帶皮切1.5 ～ 2公分大小即可。

❷ 中小火起油鍋，放入薑片煸出香氣，再把土魠魚丁耐心煎焦酥後取出。

❸ 接著放入南瓜補點油，將南瓜翻炒出香氣，再放入絲瓜翻炒，投入米飯和清水，蓋鍋煮滾。

❹ 直到南瓜和絲瓜都煮軟，放入玉米粒並把粥煮到喜歡的濃稠度，加1大匙清酒和1/2小匙鹽調味。

❺ 最後將土魠魚倒回鍋裡，撒入少許白胡椒粉即完成。

美味小撇步

◆ 南瓜和絲瓜先用油炒一下再煮粥，更能釋放甜度和香氣，南瓜品種不限，最推薦使用栗子南瓜。

◆ 這道粥只需少許鹽調味，鹽的份量可依口味自行調整。

金沙蟹腿肉粥

如果有買到扁蟹大蟹腿肉，
一定要試試這道金沙蟹腿肉粥，
超級超級好味道！

鍋具：琺瑯鑄鐵湯鍋

容量：18cm / 1.66L

材料[2人]

澎湖蟹腿肉…200g
鹹蛋全蛋…1顆
鹹蛋黃…1顆
水蓮…60g
蘑菇…70g
熟米飯…180g

蒜瓣…2個
清水…600ml

調味料

油…適量
鰹魚露…1大匙

薑醋汁

薑泥…1大匙
白醋…3大匙
糖…2小匙

作法

❶ 蟹腿肉用乾紙巾擦乾、蒜瓣切細末、蘑菇切片、鹹蛋黃和鹹蛋白分開壓碎、水蓮切小小丁。

❷ 小火起油鍋，放入蒜末炒出蒜香後放入蟹腿肉，蟹腿肉炒熟先拿出來。

❸ 原鍋補點油放入鹹蛋黃，耐心拌炒鹹蛋黃變成綿密的泡沫，放入蘑菇翻炒一下。

❹ 放入米飯和清水，蓋鍋煮滾，湯滾放入鹹蛋白並加入鰹魚露調味。

❺ 把粥煮到喜歡的稠度，倒入水蓮和蟹腿肉，再煮1分鐘即完成。

❻ 蟹肉屬性寒涼，建議喝粥的時候搭配薑醋汁一起享用。

美味小撇步

◆ 鹹蛋白可省略、鹹蛋黃2～4顆皆可，使用越多鹹蛋黃，金沙風味越濃，鰹魚露份量可微調。

◆ 使用其他青菜取代水蓮也可以，切細切碎即可。

懶人韓式拌飯

到底又多懶？
　　　熄火後可在爐台上
　　把食材直接拌在一起就開動。

鍋具：陶瓷不沾小炒鍋

容量：18cm / 0.8L

材料〔1人〕
梅花牛或牛嫩腿肉片…150g
黃豆芽…40g
胡蘿蔔…30g
小黃瓜或櫛瓜…60g
雞蛋…1顆
韓式泡菜…50g
乾海帶芽…3g

清水…50ml
熱米飯…1人份

調味料
油…適量
水…適量
白芝麻粒…少許
芝麻油…少許

醬汁
韓式辣醬…2大匙
糖…2小匙
清酒…1大匙
白胡椒…適量

作法

❶ 海帶芽泡冷水5分鐘沖洗瀝乾、胡蘿蔔和小黃瓜切絲、雞蛋攪打均勻。

❷ 中小火起油鍋，倒入蛋汁煎成薄薄蛋皮取出切絲。

❸ 接著下胡蘿蔔絲和黃豆芽，若太乾可補少許油和水，炒軟後取出。

❹ 再來放入小黃瓜絲和蛋絲，稍微翻炒可取出，接著倒入海帶芽撒少許白芝麻拌炒2分鐘取出。

❺ 原鍋再放入牛肉片並倒入醬汁、泡菜和50ml清水，將牛肉煨入味。

❻ 湯汁略收乾可關火，關火後可將熱米飯和其他炒好的食材拌入，淋少許芝麻油即可開動，或將泡菜牛肉夾出來，原鍋放入米飯，再將其他小菜鋪在米飯上就完成嘍。

美味小撇步

◆ 按照食譜，醬汁份量可充分拌上所有食材和一碗米飯，若飯量較多，清水可增加一些。

◆ 更簡易方法，可按步驟依序放入食材拌炒，不須將炒好食材取出，最後拌入米飯即完成。

◆ 步驟4蛋絲再下鍋只為跟小黃瓜拌在一起，也可以不下鍋，步驟6直接拌。

芋頭瘦肉粥

這鍋粥分享給愛吃鹹粥的芋頭控朋友，
口感綿密濃稠，
每一口都吃得到綿綿鬆鬆的芋頭，
好適合冷颼颼時來一碗。

鍋具：陶瓷耐熱鍋
容量：19cm / 1.5L

材料 [2 人]

豬絞肉…200g
炸芋頭塊…200g
熟米飯…250g
紅蔥酥…5g
雞蛋…2 顆
芹菜末…30g
清水…500ml

調味料

油…適量
薄鹽醬油…1 大匙
清酒…1 大匙
糖…1 小匙
鹽…適量
白胡椒粉…適量

作法

❶ 雞蛋攪打均勻，中小火起油鍋，倒入蛋汁炒熟先取出備用。

❷ 倒入豬絞肉炒乾豬肉組織液，放入紅蔥酥、醬油、清酒和糖拌炒入味。

❸ 放入炸芋頭塊、米飯和清水，稍微攪拌後蓋鍋煮滾。

❹ 湯滾轉小火慢煮，過程中不斷翻拌避免鍋底燒焦。

❺ 芋頭和粥煮至喜歡的軟度後，將炒蛋倒回鍋裡，並加鹽調味。

❻ 最後撒入芹菜末和白胡椒粉即可開動。

美味小撇步

◆ 芋頭切大塊煮起來比較有口感，切小塊則容易煮軟節省時間，請依自己喜好調整。

◆ 若不喜歡如此黏稠，可增加清水和調味料。

◆ 若使用新鮮芋頭，煮粥時間會增加，建議先將芋頭蒸熟再下鍋。

蔬菜牛雞肉粥

蔬菜滿點的牛、雞肉粥，
營養健康，
趕快來一鍋！

鍋具：琺瑯鑄鐵湯鍋
容量：18cm / 1.75L

材料［2 人］
牛肩里肌肉片…100g
雞里肌…100g
熟米飯…180g
青江菜…100g
胡蘿蔔…60g
鴻禧菇…50g
黃豆芽…40g

蒜瓣…10g
清水…800ml

調味料
油…適量
白醬油…3 大匙
糖…1 小匙
白胡椒…適量

作法

❶ 胡蘿蔔刨細絲、蒜瓣切細末、青江菜切丁、牛和雞肉切小塊、菇菇剝小株、黃豆芽也切小段。

❷ 中小火起油鍋，下胡蘿蔔絲耐心炒軟，接著倒入鴻禧菇拌炒，將菇菇炒軟。

❸ 放入牛肉、雞肉和蒜末翻炒至飄出蒜香，倒入糖和白醬油繼續拌炒入味。

❹ 倒入米飯、黃豆芽和清水，蓋鍋煮滾，轉小火煮到喜歡的軟度。

❺ 最後放入青江菜並撒入少許白胡椒粉，再煮滾 2 分鐘即完成。

美味小撇步

◆ 不一定要使用兩種肉，肉的部位也可隨自己偏好調整。

◆ 胡蘿蔔刨細絲更容易炒軟，炒出胡蘿蔔素來，湯頭自然清甜。

絲瓜菇菇雞肉粥

絲瓜煮的湯頭總是好甜，
這鍋粥食材平易近人，
味道卻好極了！

鍋具：琺瑯鑄鐵湯鍋
容量：18cm / 1.7L

材料[2 人]

雞里肌…150g
絲瓜…1 條（約 500g）
新鮮香菇…40g
胡蘿蔔…65g
熟米飯…160g
蒜瓣…2 個
清水…500ml

調味料

油…適量
白醬油或鰹魚露…1 大匙
鹽…1 小匙
白胡椒…適量

作法

❶ 蒜瓣切細末、絲瓜切長條塊、其他食材隨喜好切絲。

❷ 中小火起油鍋，下胡蘿蔔絲耐心炒軟，接著倒入蒜末和香菇拌炒出蒜香。

❸ 放入雞肉和白醬油翻炒入味，再倒入米飯、絲瓜和清水，蓋鍋煮滾。

❹ 轉小火將絲瓜和米飯煮到喜歡的軟度，補少許鹽調味。

❺ 最後撒入少許白胡椒粉即完成。

美味小撇步

◆ 胡蘿蔔務必炒軟釋出甜味，蒜末晚一點下可避免高溫燒焦情形。

◆ 若沒有白醬油和鰹魚醬油，也可使用一般醬油替代，最後鹽分可隨之調整。

泡菜起司炒飯

從韓綜裡學來的鍋巴炒飯好吃破表，
調整一下放一次油就好，
懶人炒飯用對鍋子一定不會失敗。

鍋具：琺瑯鑄鐵煎鍋

容量：20cm / 1L

材料 [1 人]

熱米飯… 180g
韓式泡菜…150g
蔥花…30g
起司片…2 片（或披薩起司 50g）
韓式海苔… 隨喜好

調味料

油…適量
白醬油… 1 大匙
三溫糖或紅糖…1 大匙

作法

❶ 泡菜用剪刀或菜刀剪細或切碎，用隔夜飯蒸熱備用。

❷ 中小火起油鍋，鍋熱轉小火放入蔥花慢慢炒香，蔥炒至顏色變淡放入泡菜拌炒。

❸ 沿著鍋邊把糖撒一圈，再把醬油也沿著鍋邊倒一圈，不翻動讓醬油和糖燜煮1分鐘。

❹ 再來耐心拌炒，使泡菜入味，趁鍋裡還有醬汁，倒入熱米飯翻拌均勻。

❺ 飯粒都沾上醬汁看不見白色飯粒時，把飯壓平壓緊在整個鍋底。

❻ 鋪上起司片，蓋鍋讓起司軟化，並耐心燒乾飯中水分煎出鍋巴。

❼ 鍋裡水分燒乾後滋滋聲消失可關火。

❽ 將泡菜炒飯對折成半月形，放上幾片韓式海苔就開動了。

美味小撇步

◆ 操作這道料理，務必使用不沾的鍋具。

◆ 若擔心一鍋到底操作炒飯會黏鍋無法對折，建議泡菜和白飯可另外使用大碗拌勻，
　 鍋具清洗乾淨重新熱鍋熱油再倒入炒飯來煎鍋巴。

◆ 請依自家泡菜鹹淡調整醬油份量。

Chapter

2

肚子餓餓
　　一鍋吃飽飽

亂亂煮鍋

麵

Cooking

12

泡菜五花肉拉麵

重口味的湯頭，
拉麵和豆皮吸飽辣辣湯汁，
蔬菜多多肉多多，
就是想吃泡菜鍋。

鍋具：琺瑯鑄鐵湯鍋

容量：20cm / 2.4L

材料 [2人]
細生拉麵…120g
五花肉片…200g
韓式泡菜…160g
黑蠔菇…85g
高麗菜…250g
皇宮菜…100g

炸豆皮…3捲
清水…1000ml

調味料
鹽…適量
辣椒粉…適量

醬汁
韓式辣醬…2大匙
醬油…1大匙
泡菜汁…40g
糖…1小匙

作法

❶ 拉麵滾水煮熟備用、豆皮滾水汆燙洗淨瀝乾、黑蠔菇剝小株、高麗菜剝小塊、皇宮菜切小段。

❷ 中小火起鍋不放油,下五花肉片炒至微焦先起鍋。

❸ 接著放入黑蠔菇,利用鍋裡的豬油來翻炒菇菇飄出香氣。

❹ 把肉片倒回鍋裡,倒入醬汁翻炒入味後再把肉片先夾出來。

❺ 原鍋放入高麗菜和清水,蓋鍋煮滾,湯滾倒入泡菜,若不夠鹹可補適量鹽。

❻ 放入皇宮菜、煮熟的拉麵和豆皮,等湯再次燒滾。

❼ 最後把肉片夾回鍋中,撒上辣椒粉即完成。

美味小撇步

◆ 各家韓式泡菜鹹淡有差異,請依實際湯頭風味自行調整。

◆ 豆皮汆燙後會沖水去油,建議燒一鍋滾水先煮拉麵撈起,再利用煮麵水汆燙豆皮即可。

加料韓國泡麵

辣辣的韓國泡麵單吃不過癮，
加肉加菜加蛋一次滿足。

材料 [1人]
韓國辣泡麵…1包
梅花火鍋肉片…150g
青江菜…120g
鴻禧菇…80g
雞蛋…1顆

蔥花…少許
清水…650ml

調味料
油…適量
乾辣椒粉…適量
泡麵調味料 (泡麵附)

作法
❶ 雞蛋攪打均勻、菇菇剝小株、青菜切小段。
❷ 中小火起油鍋，下蛋汁稍微翻炒成形先起鍋。
❸ 原鍋無須補油放入豬肉片，炒乾組織液微焦狀態也先取出。
❹ 接著下菇菇拌炒出香氣，倒入清水和泡麵附的調味料。
❺ 湯滾放入泡麵煮軟，接著放入青菜後煮1分鐘。
❻ 最後把雞蛋、肉片夾入鍋中，撒入少許蔥花和辣椒粉即完成。

美味小撇步
◆ 清水最多可倒入800ml，建議添加少許鰹魚露風味不減。
◆ 生豬肉片直接滾湯下鍋也可，建議撈除浮沫以保湯頭清爽。
◆ 若不怕太乾不好炒，可於步驟4炒乾菇菇後，先加入泡麵調味料炒出辣椒香氣再加水。

塔香番茄豬肉彩虹麵

有番茄、有炒蛋、有鹹香肉片的湯麵，
煮好加上九層塔，別有一番風味。

鍋具：陶瓷不沾湯鍋
容量：18cm / 1.6L

材料 [1人]
梅花火鍋肉片⋯150g
白花椰菜⋯120g
奶油白菜⋯100g
牛番茄⋯200g
彩虹麵⋯80g
雞蛋⋯1顆

蒜瓣⋯2個
九層塔⋯隨喜好
清水⋯600ml

調味料
油⋯適量
鹽⋯適量

醬汁
薄鹽醬油⋯2大匙
糖⋯2小匙
清酒⋯1大匙

作法

❶ 彩虹麵入滾水燙熟瀝乾配用、雞蛋攪打成蛋汁、番茄切丁、蒜瓣切細末、奶油白菜不切、白花椰隨喜好分切。

❷ 中小火起油鍋，倒入蛋汁隨意炒一炒先取出。

❸ 接著放入豬肉片炒乾豬肉組織液，加入蒜末和醬汁，小火拌炒入味後也夾出來。

❹ 鍋裡有醬汁沒關係，將番茄倒進來並補點油，耐心炒軟。

❺ 放入白花椰菜，加水蓋鍋煮滾，若不夠鹹現在可加少許鹽調味，湯滾將燙熟彩虹麵放進湯裡，接著放入奶油白菜。

❻ 待湯再次燒滾，將炒蛋和入味肉片夾到鍋裡撒入九層塔就可以享用嘍！

美味小撇步

◆ 雖然調味主要是單純的醬油和糖，但搭配不同食材，湯頭風味也可以很多元。

◆ 九層塔也可以改用香菜或青蔥取代，依偏好自由搭配。

高麗菜豬肉炒泡麵

蔬菜多多加下去，
肉肉多多加下去，
快速炒一炒就開動嘍！

鍋具：不鏽鋼雪平鍋
容量：18cm / 1.6L

材料 [1人]

梅花火鍋肉片…150g
高麗菜…150g
新鮮香菇…70g
胡蘿蔔…40 克
蓮藕…40g
韓國泡麵…1包

蔥花…適量
清水…200ml

調味料
油…適量
泡麵調味料（泡麵附）

作法

❶ 高麗菜剝小塊、香菇切小塊、胡蘿蔔切片、蓮藕去皮切薄片。

❷ 中小火起一鍋不放油放入豬肉片，炒乾豬肉組織液後先夾出來。

❸ 接著放入香菇、胡蘿蔔、蓮藕，補點油翻炒。

❹ 放入泡麵和清水，水煮滾可將泡麵稍微晃動使泡麵能泡到滾水。

❺ 接著放入高麗菜翻拌，待高麗菜和泡麵都變軟後，倒入炒熟的豬肉和泡麵調味料。

❻ 最後慢慢拌炒收汁，撒入蔥花即完成。

美味小撇步

◆ 也可先煮一鍋滾水，將泡麵燙軟後再氽燙肉片備用，蔬菜用油拌炒後再加入泡麵、肉片和調味料拌炒。

◆ 泡麵調味料各家口味不一，蔬菜份量多多若不夠鹹，可追加醬油或辣椒醬。

沙茶豬肉炒麵

沙茶炒麵就是台灣的古早味，
偶爾解饞一下沒關係啦！

材料 [1人]
生拉麵…120g
梅花豬肉…150g
韭菜花…80g
胡蘿蔔…50g
綠豆芽…50g
雞蛋…1顆

蒜瓣…2粒
辣椒乾…3g

調味料
油…適量
白胡椒粉…適量

醬汁
沙茶醬…1.5大匙
醬油…1.5大匙
清酒…1.5大匙
糖…1小匙

作法
❶ 起一鍋滾水先把拉麵煮熟撈起備用。
❷ 豬肉切粗絲、雞蛋攪打均勻、胡蘿蔔切絲、韭菜花切段、蒜瓣切細末、辣椒乾剪小塊。
❸ 中小火起油鍋，下蛋汁稍微翻炒成形先起鍋。
❹ 原鍋無須補油放入豬肉，炒乾組織液微焦狀態也先取出。
❺ 倒入胡蘿蔔、補點油，把胡蘿蔔炒軟，接著倒入蒜末和辣椒乾炒出香氣。
❻ 放入熟拉麵、豆芽菜，炒熟的豬肉和醬汁，翻炒入味。
❼ 待豆芽變軟倒入韭菜花拌炒，最後把炒蛋倒回鍋裡，撒入白胡椒即完成。

美味小撇步
◆ 盡量取用沙茶醬固體部分，香氣較足。
◆ 韭菜花遇熱很快炒熟，過度加熱香氣會降低。

味噌洋蔥豬肉拉麵

炒出洋蔥的香甜，
再搭配味噌熬煮的湯頭，
讓鍋裡的食材每樣都好吃。

鍋具：琺瑯鑄鐵湯鍋
容量：18cm / 1.7L

材料 [1人]
細生拉麵…120g
梅花火鍋肉片…150g
洋蔥…200g
高麗菜…150g
炸豆皮…1捲
雞蛋…1顆

蒜瓣…2個
蔥…1支
清水…600ml

調味料
油…適量
白芝麻粒…適量

醬汁
味噌（隨喜好風味）…1大匙
白醬油…1大匙
清酒…1大匙

作法

❶ 拉麵滾水煮熟備用、豆皮滾水氽燙洗淨瀝乾、洋蔥切絲、高麗菜剝小塊、蒜瓣切細末、蔥切蔥花。

❷ 中小火起鍋不放油，下梅花肉片炒至微焦先起鍋。

❸ 原鍋補少許油放入洋蔥和蒜末炒出香氣。

❹ 洋蔥炒至半透明，倒入高麗菜和清水，蓋鍋煮滾。

❺ 湯滾打入一顆雞蛋並放入熟拉麵和醬汁調味。

❻ 將炒好的肉片和氽燙過的豆皮夾回鍋中。

❼ 最後撒入蔥花和白芝麻粒即完成。

美味小撇步

◆ 梅花肉片若油花不多，可倒點油再拌炒。

◆ 炸豆皮口感較有嚼勁，熱水去油後熱量仍較生豆包高，可依自己偏好選擇取用。

◆ 味噌煮太久香氣會下降，建議關火前再投入即可。

家常大滷麵

天氣冷颼颼肚子飢腸轆轆時，
我們家最喜歡大滷麵了，
冰箱有什麼就用什麼來燒，
濃濃湯頭料多多、刀削麵Q彈有嚼勁，
很過癮。

鍋具：陶瓷不沾湯鍋

容量：18cm / 1.6L

材料 [2人]
豬里肌肉片…150g
生刀削麵…180g
乾香菇…10g
鴻禧菇…100g
胡蘿蔔…85g
板豆腐…200g

木耳…50g
雞蛋…2顆
蒜瓣…3粒
香菜…隨喜好
清水…600ml

調味料
油…適量
白醬油…3大匙
白胡椒粉…適量
芝麻油…適量

醃料
蠔油…2小匙
米酒…1小匙

芡汁
玉米粉…2大匙
清水…3大匙

作法

❶ 先燒一鍋滾水將刀削麵煮熟，盛在麵碗裡。

❷ 乾香菇用水泡軟擠乾備用、里肌肉片切小塊用醃料醃10分鐘、鴻禧菇去根部剝小株、胡蘿蔔和木耳切絲、板豆腐切小塊、蒜瓣切細末、雞蛋攪打均勻。

❸ 中小火起油鍋，先下蛋汁炒成形先出鍋備用，接著倒入胡蘿蔔、泡軟的香菇，補點油將胡蘿蔔炒軟、香菇炒出香氣。

❹ 放入木耳和鴻禧菇，拌炒至菇菇變軟，再投入里肌肉片和蒜末炒至肉片變白色。

❺ 倒入板豆腐和清水，接著倒入白醬油稍微攪拌後，蓋鍋煮滾。

❻ 湯滾緩緩倒入芡汁，輕輕攪拌，這時湯鍋噗呲噗呲可將火轉小。

❼ 把炒蛋夾回鍋裡，撒入白胡椒粉、芝麻油和香菜。

❽ 將煮好的大滷湯舀進麵碗裡就開動嘍！

美味小撇步

◆ 大滷湯主要是先把食材炒香香，煮成湯後慢慢煨煮，所有食材都可隨自己方便來改動。

◆ 喜歡辣的朋友可加適量辣椒粉增添風味。

香菜豬肉冷麵

無油煙料理，
　　清爽開胃，
最重要的是輕鬆出餐！

鍋具：琺瑯鑄鐵煎鍋

容量：20cm / 1L

材料 [1人]
梅花火鍋肉片…150g
營養麵條…100g
香菜…1株
小番茄…5顆
辣椒…隨喜好

檸檬薄片…隨喜好

醬汁
芝麻油…1大匙
醬油…1大匙
糖…1大匙

檸檬汁…2大匙
蒜瓣…1粒磨成泥

作法

❶ 小番茄對切、辣椒切小丁，蒜瓣磨成泥加入醬汁拌勻備用。

❷ 起一鍋滾水先將豬肉片燙熟夾出來備用，原鍋滾水煮麵條，麵條煮好用食用水漂洗乾淨冷
　卻。

❸ 原鍋用水清洗乾淨擦乾，先放入冷麵，鋪上小番茄、肉片、香菜。

❹ 倒入醬汁，接著撒入辣椒，並放上幾片檸檬片裝飾即完成。

美味小撇步

◆ 麵條可以自家喜好替換，不喜歡香菜可用九層塔或蔥花代替。

◆ 醬汁加少許堅果醬或無糖花生醬，風味也很棒。

湯咖哩豬肉烏龍麵

濃郁的湯咖哩湯頭
和Ｑ彈吸汁的烏龍麵，
就是天生一對呀！

鍋具：琺瑯鑄鐵湯鍋

材料 [1人]

梅花火鍋肉片…180g
胡蘿蔔…50g
鴻禧菇…50g
洋蔥…80g
青江菜…2株
蔥花…適量

咖哩塊…23克
冷凍熟烏龍麵…200g
無調味昆布柴魚高湯…800ml
（作法見P.11）

調味料
油…適量

作法

❶ 胡蘿蔔刨細絲、洋蔥切絲、菇菇剝小株、青江菜折半或切段。

❷ 中小火起油鍋，下豬肉片炒乾組織液後先將肉片夾出來。

❸ 原鍋倒入胡蘿蔔絲和鴻禧菇，耐心炒軟，若太乾可補少許油。

❹ 接著倒入洋蔥繼續炒軟，炒出香氣後倒入高湯，蓋鍋煮滾。

❺ 湯滾稍微煮一會兒，放入咖哩塊、烏龍麵和青菜，輕輕攪拌均勻。

❻ 湯再滾把肉片夾回鍋裡，撒入蔥花即完成。

美味小撇步

◆ 咖哩塊和市售高湯口味各家不一，請依自家口味調整份量。

◆ 冷凍熟烏龍麵口感Q彈，滾水入鍋兩分鐘可食用，切勿過度烹煮。

咖哩牛肉炒烏龍

用咖哩粉也能炒一盤香噴噴的烏龍麵，
而能且快速省力，
讓我們來看看吧！

陶瓷不沾小炒鍋

容量：18cm / 0.8L

材料［1人］
雪花牛火鍋肉片…150g
牛番茄…80g
洋蔥…60g
鴻禧菇…100g
黑葉白菜…80g
蒜瓣…10g
冷凍熟烏龍麵…200g
高湯或清水…100ml

調味料
油…少許
白芝麻…適量

醃料
咖哩粉…1/2大匙
味醂…1大匙
清酒…1大匙
薄鹽醬油…1大匙

醬汁
咖哩粉…2大匙
白醬油…2大匙
胡椒粉…1小匙
糖…1小匙

作法

❶ 牛肉以醃料抓醃靜置15分鐘，青菜切段、蒜瓣切細末、洋蔥切小塊、牛番茄切小丁、菇菇切除根部剝小株。

❷ 中小火起油鍋，放入醃好的牛肉炒熟取出，原鍋下番茄和蒜末，補點油耐心將番茄炒軟。

❸ 接著放入洋蔥和鴻禧菇，洋蔥炒至半透明，菇菇也飄出香氣，可倒入醬汁拌炒入味。

❹ 倒入高湯煮滾後放入烏龍麵，待麵條鬆開隨即放入青菜，緩緩翻拌。

❺ 青菜煮熟後將牛肉夾回鍋裡，撒上白芝麻粉即完成。

美味小撇步

◆ 醬汁投入之後務必拌炒後再加高湯或水，香氣比較明顯。

◆ 蔬菜部分可隨意調整，耐煮的先下鍋即可。

番茄酸白菜肥牛刀削麵

加了酸白菜的番茄牛肉麵，
酸甜開胃，
酸勁兒滋味讓人一口接一口停不下來。

鍋具：琺瑯鑄鐵湯鍋

容量：18cm / 1.66L

材料 [1 人]

牛五花肉片…150g
生刀削麵…120g
牛番茄…250g
酸白菜…100g
黑蠔菇…80g

青江菜…2株
雞蛋…1顆
蒜瓣…3粒
嫩薑2片
香菜…隨喜好
清水…500ml

調味料

油…適量
鹽…1.5小匙
糖…2小匙
白胡椒粉…適量
辣椒醬…隨喜好

作法

❶ 酸白菜切絲、牛番茄切小丁、青江菜切小段、菇菇剝小株、蒜瓣切細末、薑片切細絲、雞蛋攪打均勻、生麵先煮熟撈起備用。

❷ 中小火起油鍋倒入番茄丁，耐心炒軟成番茄糊。

❸ 接著倒入酸白菜、黑蠔菇、蒜末和薑絲拌炒出酸菜香氣。

❹ 倒入清水，蓋鍋煮滾，湯滾投入鹽和糖調味。

❺ 下青江菜和煮熟的麵條，並緩緩倒入蛋汁靜待一分鐘。

❻ 將肥牛放進滾燙的湯裡燙熟，撒入香菜、辣椒醬和白胡椒粉即完成。

美味小撇步

◆ 湯頭的酸鹹跟使用的酸白菜風味有關，若湯頭不夠酸可加些酸白菜汁或補些白醋，鹹度則可依湯頭調整鹽的份量。

◆ 牛肉質地較豬肉軟嫩且無組織液問題，可直接滾湯下鍋無須先炒過。

辣味肥牛蔬菜麵

韓式辣湯頭也是我家常煮的鍋物，
喝光辣湯也沒什麼油！

鍋具：琺瑯鑄鐵湯鍋
容量：18cm / 1.75L

材料 [1人]
雪花牛…150g
蘑菇…80g
白花椰菜…80g
奶油白菜…70g
炸豆皮…2捲
細生拉麵…100g
清水…600ml

調味料
油…適量
辣椒粉…適量
鹽…適量

醬汁
韓式辣醬…1.5大匙
薄鹽醬油…1大匙

清酒…1大匙
糖…1小匙
辣椒粉…1小匙

作法
❶ 蘑菇不切、白花分小株、奶油白菜隨意切或不切。
❷ 起一鍋滾水先將麵條煮熟撈出來，水不要倒掉，用來汆燙豆皮，豆皮燙軟後以清水沖洗瀝乾。
❸ 水倒掉，開中小火，先放入蘑菇乾煸，若鍋子容易黏鍋可補點油拌炒，炒出香氣即可。
❹ 接著倒入醬汁把蘑菇炒入味後，放入白花菜並加水，蓋鍋等湯燒滾。
❺ 湯滾視需要以少許鹽調味，把麵條、豆皮夾回鍋裡，並放入奶油白菜，等湯再度燒滾。
❻ 最後把牛肉放入滾湯燙熟，再撒入少許辣椒粉就可以開動了。

美味小撇步
◆ 這鍋所有食材下鍋會非常滿鍋，若擔心最後肉片汆燙容易噗鍋，可於汆燙豆皮前先燙牛肉，最後步驟再把燙熟的牛肉夾回鍋裡即可。
◆ 韓式辣醬直接入湯煮也可以，但先拌炒再煮香氣更濃。

鮮蝦炒烏龍

急速冷凍的熟烏龍麵口感又軟又Q彈，
入滾水1分鐘馬上可調味出餐，
現在就讓我們來做這道好吃的
鮮蝦炒烏龍！

鍋具：琺瑯鑄鐵煎鍋
容量：20cm / 1L

材料［1人］
去殼蝦仁…200g
秋葵…8根
雞蛋…2顆
冷凍熟烏龍麵…200g
蔥花…隨喜好
清水…100ml

調味料
油…適量
白醬油…1.5大匙
清酒…1大匙
七味粉…適量

抓洗料
米酒…1大匙
太白粉…1小匙

作法

❶ 蝦仁開背去腸泥以抓洗料抓洗，沖水洗淨後，用紙巾擦乾，秋葵切小丁，蛋汁攪打均勻。

❷ 中小火起油鍋，將白蝦兩面煎焦焦先取出，補點油倒入蛋汁隨意拌炒後也將炒蛋取出。

❸ 下冷凍熟烏龍麵，倒入清水等麵條鬆開，或者在步驟2前滾水汆燙烏龍麵1分鐘瀝乾備用，這時再加入也可以。

❹ 麵條鬆開後放入秋葵丁翻炒一下，倒入白醬油和清酒再翻炒一下。

❺ 最後放入白蝦、炒蛋、蔥花，翻拌均勻。

❻ 撒入七味粉就來開動了。

美味小撇步

◆ 若冷凍熟烏龍麵稍微解凍，下鍋只需少量水可撥鬆，若不解凍先汆燙後下鍋，則倒入清水步驟可略。

◆ 搭配冷凍熟烏龍麵可快速做成炒麵的特性，建議取用食材也使用易熟的種類。

鮮蝦彩虹冷湯麵

天熱想來點清爽的，
鍋物也可以辦到，
而且毫不費力，讓妳不必在廚房汗流浹背。

鍋具：陶瓷不沾小炒鍋
容量：18cm / 0.8L

材料 [1人]
白蝦仁…12尾約90g
彩虹麵…80g
小黃瓜…隨喜好
黃檸檬…1/4顆

冷藏昆布柴魚高湯
昆布…5克
柴魚片…5克

清水…500ml

高湯醬汁
薄鹽醬油…1/2大匙
味醂…1大匙
清酒…1大匙
糖…1/2小匙
鹽…少許
調味料

油…適量
黑胡椒…適量
鹽…適量

抓洗料
玉米粉…1小匙
米酒…1大匙

作法

❶ 將昆布柴魚高湯材料混合並提前冷藏一日，蝦仁去腸泥後用抓洗料洗淨沖水擦乾，小黃瓜
隨喜好切片或刨成薄片，黃檸檬盡量切薄片，薄如紙最好。

❷ 中小火起油鍋，先來煎蝦仁，蝦仁撒上少許鹽和黑胡椒，煎熟先取出來，鍋子無須清洗。

❸ 昆布高湯用漏勺瀝出來，倒入鍋裡中小火燒滾，倒入高湯醬汁攪拌均勻，倒出來放涼。

❹ 原鍋燒鍋滾水把彩虹麵煮熟，彩虹麵撈出來水倒掉，再把麵條放回鍋裡。

❺ 最後放入小黃瓜、黃檸檬片和煎熟的蝦仁，並在鍋邊緩緩倒入冷麵高湯即完成。

美味小撇步

◆ 若喜歡冰冷湯，步驟3高湯提前調味好冷藏，麵煮熟用冷水漂一下瀝乾加入冰高湯更省
力。

◆ 黃檸檬切非常薄可直接吃，冷湯麵搭配超薄檸檬片嚐起來，清爽微酸非常開胃。

塔香奶油蘑菇蝦貝義大利麵

以鮮奶油和高湯取代奶油和麵粉做成的白醬，
醬汁濃郁卻清爽，

鍋具．珐瑯鑄鐵煎鍋

材料 [1人]
義大利麵直麵…80g
特大白蝦…7尾
北海道2L生食級干貝…4顆
蘑菇…150g
九層塔或巴西里…15g
蒜瓣…30g (或更多)
動物性鮮奶油…200ml

高湯…300ml (日式或雞高湯皆可)
白葡萄酒…30ml

調味料
油…適量
玫瑰鹽…適量
黑胡椒粒…適量

作法

❶ 義大利麵先以冷水浸泡3小時瀝乾備用，麵條會變白色是正常的。

❷ 蝦貝完全解凍，白蝦去殼開背清洗乾淨，蝦貝皆用乾紙巾擦乾，越乾越好。

❸ 蘑菇切片、蒜瓣切細末，九層塔切碎。

❹ 起油鍋將蝦貝兩面煎焦焦先取出，原鍋倒入蘑菇和蒜瓣拌炒出蒜香。

❺ 接著倒入高湯和白酒，湯滾放入麵條煮3分鐘，用適量玫瑰鹽調味。

❻ 倒入鮮奶油轉小火，煮沸稍收汁把蝦貝夾回鍋裡，撒入九層塔和黑胡椒粒即完成。

美味小撇步

◆ 義大利直麵提前泡冷水3小時是懶人法，不同種類義大利麵需要時間不同，若泡了沒煮，可瀝乾冷藏三天，冷凍也可以。

◆ 泡過水的義大利麵鹹味會降低，醬汁鹹淡請以自家喜好加鹽調整。

◆ 鮮奶油醬汁離火後會變濃郁，可依喜好調整烹煮收汁時間。

Chapter

3

肚子餓餓
一鍋吃飽飽

亂亂煮鍋
冬粉 & 米粉

麻辣豬肉冬粉

自己煮的麻辣湯頭清爽多了！
蔬菜量滿滿，
即使冬粉份量較少也能吃得飽。

鍋具：琺瑯鑄鐵湯鍋
容量：18cm / 1.75L

材料 [1人]

粉絲…1把
梅花火鍋肉片…150g
高麗菜…200g
雪白菇…100g
胡蘿蔔…40g
蒜瓣…2粒
青蔥…2支
清水…700ml

醬汁

麻辣醬…1大匙
醬油…1.5大匙
堅果醬或無糖花生醬…1/2大匙
糖…1小匙

作法

❶ 粉絲用冷水泡軟，菇菇剝小株、高麗菜撕小塊、胡蘿蔔用刨刀刨薄片、蒜瓣切細末、青蔥切蔥花。

❷ 中小火起一鍋，放入豬肉片，炒乾組織液後放入蒜末和醬汁拌炒入味。

❸ 接著下菇菇稍微翻拌，放入粉絲、高麗菜、胡蘿蔔並倒入清水，蓋鍋煮滾。

❹ 湯滾撒入蔥花即完成。

美味小撇步

◆ 粉絲可於上班前冷水浸泡置於冰箱中，或泡入溫水可快速泡軟。

◆ 豬肉組織液炒乾再下醬汁翻炒，肉片會更美味。

◆ 麻辣湯頭口味較重，胡蘿蔔就刨薄片也免翻炒以節省時間。

Cooking

28

自家版螞蟻上樹

加碼蔬菜、
加辣才是正點的螞蟻上樹！

鍋具：琺瑯鑄鐵湯鍋

容量：18cm / 1.7L

材料［2人］

豬絞肉…150g
粉絲兩把…約90g
乾香菇…20g
四季豆…80g
綠豆芽…100g
蒜瓣…2個
嫩薑片…2片

泡香菇水＋清水…600ml
乾辣椒…2條
蔥花…隨喜好

調味料

麻辣粉…1小匙
鹽…隨喜好

醬汁

辣豆瓣醬…2大匙
醬油…2大匙
米酒…1大匙
糖…2小匙
辣油…1小匙

作法

❶ 粉絲溫水泡軟瀝乾剪小段、薑片和蒜瓣切細末、四季豆切丁、乾香菇先沖洗再泡軟擠乾切丁，香菇水留著備用。

❷ 中小火起一鍋不放油，下豬絞肉炒乾組織液變白色，倒入薑末和蒜末繼續翻炒出香氣。

❸ 接著倒入香菇丁和醬汁，不斷翻炒，待所有食材都入味上色呈現乾爽狀態。

❹ 放入粉絲、綠豆芽和四季豆，並倒入香菇水和清水後蓋鍋煮滾。

❺ 湯滾嚐嚐味道，若不夠鹹可加少許鹽調味，轉小火耐心翻拌，讓粉絲吸入湯汁入味。

❻ 待湯稍微收乾，撒入乾辣椒、蔥花和麻辣粉即完成。

美味小撇步

◆ 辣豆瓣各品牌風味不同，調味料用量可微調。
◆ 多加些蔬菜，這道料理即可當成主食來享用。

番茄五花肉冬粉

加量牛番茄炒鍋底實在太對了，
Q彈粉絲吸飽辣辣酸甜湯頭，
加上軟嫩的五花肉，
欲罷不能！

鍋具：琺瑯鑄鐵湯鍋
容量：18cm / 1.66L

材料 [1人]

韓式冬粉…80g
五花肉片…200g
牛番茄…350g
金針菇…200g
辣椒…3根或隨喜好
蒜瓣…3粒

香菜…8g
清水…400ml

調味料

油…適量
白胡椒粉…適量

醬汁

醬油或白醬油…2大匙
清酒…1大匙
糖…2小匙

作法

❶ 冬粉先冷水浸泡30分鐘、牛番茄切丁、金針菇切小段、蒜瓣切細末。

❷ 中小火起一鍋不放油，下五花肉片炒乾豬組織液先起鍋。

❸ 原鍋放入番茄丁並補少許油，耐心將番茄炒軟成糊。

❹ 接著下金針菇和蒜末，翻炒出蒜香，接著放入泡軟的韓式粉絲並加入清水。

❺ 湯滾再煮5分鐘，倒入醬汁拌勻並把五花肉夾回鍋裡、放入辣椒燒入味。

❻ 最後撒入白胡椒和香菜即完成。

美味小撇步

◆ 嗜辣的朋友可於步驟3就放入辣椒，也可自己選用偏愛的辣椒口味。

◆ 金針菇很適合用在口味重的粉絲料理，若擔心不消化，建議切小段一些。

Cooking

30

味噌豬肉豆皮冬粉

味噌湯頭養生健康，
　配上喜歡的菇類，
　　在秋高氣爽節氣裡來上一鍋輕盈的冬粉，
滿足無負擔！

鍋具：陶瓷不沾湯鍋

容量：18cm / 1.5L

材料 [1人]

豬五花肉片…150g
炸豆皮…2捲
洋蔥…90g
袖珍菇…90g
蘑菇…50g

櫛瓜…50g
秋葵…3根
粉絲…1把
蔥花…適量
無鹽柴魚昆布高湯…600ml
（作法見P.11）

調味料

白芝麻粒…適量

醬汁

白味噌…2大匙
薄鹽醬油…1大匙
鍋裡的熱湯…適量

作法

❶ 粉絲溫水泡軟瀝乾、洋蔥切絲、秋葵對切、櫛瓜切厚片、蘑菇對切。

❷ 起一鍋滾水汆燙豆皮沖水去油瀝乾。

❸ 中小火起鍋，下五花肉片兩面煎焦酥先拿出來，利用鍋裡煸出的豬油，放入洋蔥和菇菇，耐心慢慢拌炒，將菇菇和洋蔥炒出香氣。

❹ 倒入昆布柴魚高湯，蓋鍋煮滾，接著放入粉絲和豆皮。

❺ 待粉絲煮軟，放入櫛瓜和秋葵並倒入醬汁，待湯冒出小泡泡立即關火。

❻ 最後將肉片夾回鍋裡，撒入蔥花和白芝麻就可以開動嘍。

美味小撇步

◆ 日式味噌醬很黏，加點熱湯預拌均勻，下鍋才不會手忙腳亂．

◆ 白味噌煮湯，湯小滾即關火才能保留味噌甜度，不要過度烹調味噌。

泡菜牛肉冬粉

這道鍋物完全就懶人鍋，
輕鬆操作馬上吃。

鍋具：琺瑯鑄鐵湯鍋
容量：18cm / 1.66L

材料 [1人]

牛肩里肌肉片…150g
韓式泡菜…150g
翠玉娃娃菜…125g
蔥花隨…喜好
粉絲1把…約50g
雞蛋…1顆
清水…700ml

調味料

油…適量
薄鹽醬油…2大匙
清酒…1大匙
糖…2小匙

作法

❶ 粉絲先用溫水泡軟，不泡也沒關係。

❷ 中小火起油鍋，放入牛肉炒至7分熟，加入泡菜、醬油、清酒和糖拌炒入味後，先將泡菜
牛肉夾出來。

❸ 原鍋放入粉絲和翠玉娃娃菜，加水蓋鍋等湯煮滾。

❹ 湯滾打入雞蛋，煮到喜歡的熟度，將泡菜牛肉夾回鍋裡，撒上蔥花即可開動。

美味小撇步

◆ 同食譜也可以放入2把粉絲變成乾鍋。

◆ 粉絲若沒有先泡，煮軟的時間稍長，雞蛋也會煮比較熟。

◆ 韓式泡菜各品牌口味不一，鹹淡可隨之調整。

Cooking

32

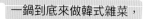
懶人韓式雜菜

圖文不符嗎？
一鍋到底來做韓式雜菜，
一點都不麻煩，
拌完馬上開動。

鍋具：琺瑯鑄鐵湯鍋
容量：20cm / 2.4L

材料[3 人]

雞里肌⋯150g
櫛瓜⋯100g
木耳⋯60g
鴻禧菇⋯100g
胡蘿蔔⋯80克
黃豆芽⋯40g

雞蛋⋯2顆
韓式粉絲⋯150g

調味料

油⋯適量
鹽⋯少許
清酒⋯少許

醬汁

薄鹽醬油⋯5大匙
芝麻油⋯2大匙
糖⋯2大匙
蒜泥⋯1大匙
白芝麻粒⋯1大匙

作法

❶ 韓式粉絲冷水泡軟、雞蛋攪打均勻、菇菇切去根部剝小株、黃豆芽洗淨瀝乾，其他食材切絲。

❷ 中小火起一鍋滾水，下韓式粉絲煮約5～8分鐘，煮熟撈出以冷開水漂涼瀝乾。

❸ 原鍋水倒掉，燒乾倒入少許油，先下蛋汁翻炒成形將炒蛋取出。

❹ 接著放入雞肉，加少許鹽和清酒拌炒，炒熟也取出備用。

❺ 原鍋繼續加少許油，放入胡蘿蔔耐心炒軟後，依序加入鴻禧菇、木耳翻炒。

❻ 菇菇炒軟後繼續加入櫛瓜和黃豆芽，待櫛瓜炒軟可關火。

❼ 最後倒入粉絲、雞肉、炒蛋和醬汁，翻拌均勻，若不夠鹹可加適量鹽調味即完成。

美味小撇步

◆ 若有時間把所有食材分別炒熟或汆燙瀝乾，最終再混合，每一樣食材會帶有獨特的風味。

◆ 喜歡蒜香多一點，可增加蒜泥份量，自行加辣也很美味。

◆ 韓式粉絲質地Q彈，涼拌或煮麻辣鍋物都很美味。

Cooking

33

涼拌川味雞絲寬粉

簡單到拍不出步驟圖，
吃完覺得1把寬粉吃不過癮！

鍋具：陶瓷不沾小炒鍋

容量：18cm / 0.8L

材料 [1人]
雞里肌…150g
小黃瓜…2條
胡蘿蔔…50g
寬粉1把…約40g

調味料
油…適量

白芝麻粒…少許
乾辣椒粉…少許

醬汁
白醋…4大匙
糖…2大匙
麻油…1大匙
油潑辣子…1大匙

鹽…1/2小匙

雞肉汆燙水
清水…150ml
鹽…1.5g

作法

❶ 寬粉用溫水泡軟瀝乾，小黃瓜和胡蘿蔔用刨絲刀刨細絲，小黃瓜中心的瓜囊可隨喜好一起刨絲或丟棄。

❷ 雞肉放入冷汆燙水中，中小火煮至表面冒小泡泡立刻轉最小火，煮到雞肉可用筷子輕易穿透即關火，取出雞肉，放涼後剝粗絲。

❸ 原鍋再添一些清水將寬粉煮熟，撈出來漂冷開水後瀝乾備用，原鍋水倒除。

❹ 胡蘿蔔絲放進鍋裡，中小火少許油將胡蘿蔔絲炒軟，稍微放涼就可以來拌寬粉了。

❺ 將小黃瓜、雞絲和寬粉放回鍋裡，倒入醬汁拌勻，撒上白芝麻和辣椒粉就完成。

美味小撇步

◆ 雞肉用鹽水低溫慢煮，肉質較軟嫩多汁。

◆ 各家品牌的油潑辣子鹹淡不一，請隨之調整鹽的用量。

酸菜雞肉冬粉

酸菜不只和鴨肉很搭，
酸菜冬粉加雞肉也超對味。

鍋具：陶瓷不沾湯鍋

容量：18cm / 1.6L

材料〔1人〕

雞里肌…150g
酸菜心…100g
板豆腐…100g
黑蠔菇…70g
胡蘿蔔…50g
薑絲…6g
青蔥…10g

粉絲…1把約45g
清水…800ml

調味料

油…適量
鹽麴…2大匙
辣椒醬…隨喜好

醃料

清酒…1大匙
胡椒鹽…少許

作法

❶ 粉絲用溫水泡軟瀝乾、雞肉切粗絲以醃料抓醃靜置15分鐘。

❷ 胡蘿蔔切細絲、板豆腐切塊、菇菇剝小株、酸菜心斜切薄片、青蔥切段。

❸ 中小火起油鍋,先將雞肉煎熟取出,接著補一點油下胡蘿蔔絲耐心炒軟釋出甜度。

❹ 倒入菇菇翻炒出香氣,繼續放入酸菜翻炒後倒入清水,蓋鍋煮滾。

❺ 湯滾放入薑絲,再下鹽麴調味,煮約2～3分鐘,湯頭呈現適度的清甜,微微酸勁和些許辛辣風味。

❻ 最後投入煎熟的雞肉和青蔥,來點辣椒醬更是過癮。

美味小撇步

◆ 酸菜心酸度與鹹度各家不一,務必泡水將鹽份釋出,漂洗後再使用,避免太鹹影響湯頭。

◆ 雞里肌入滾水較不易產生浮沫與雜質,若想生肉下鍋煮熟,可於步驟5與薑絲一起投入。

鮮蝦粉絲煲

煮的時候花一點時間剝蝦殼、煉蝦湯，
吃的時候就好好享受
和外食相同花費卻更豐盛的好料！

鍋具：陶土砂鍋

容量：17cm / 0.95L

材料 [1人]

大白蝦…7尾300g
粉絲…2把約100g
蔥花…30g
薑片…15g
蒜瓣…15g
辣椒…2支

香菜…1株
清水…700ml

調味料

油…適量
鹽…適量
芝麻油…1小匙

醬汁

白胡椒…適量
糖…1小匙
醬油…1大匙
蠔油…1大匙
清酒…1大匙

抓洗料

玉米粉…1小匙
米酒…1大匙

作法

❶ 用剪刀將蝦胃剪去，剝下蝦頭和蝦殼備用，蝦肉開背去腸泥以抓洗料洗淨沖水並擦乾。

❷ 粉絲冷水泡軟瀝乾、薑蒜切細末、香菜隨意切、辣椒切小丁。

❸ 起砂鍋小火熱鍋，倒適量油，放入薑末焗出香氣後放入白蝦並撒點鹽，一面煎上色可翻面，接著把蒜末也放進鍋裡，翻炒蝦子，蝦子都煎熟先取出來。

❹ 把蝦頭和蝦殼都放進鍋裡，補油翻炒，耐心翻炒直到鍋裡飄出濃濃蝦子香氣，鍋裡的油都變成橘色蝦油，倒入清水、蓋上鍋蓋，慢慢煨煮20分鐘煉蝦湯。

❺ 過程中可用湯匙壓蝦頭擠出蝦膏，蝦湯煉好，將蝦殼蝦頭都撈出來，湯汁變少了沒關係，轉中火倒入粉絲、蔥花、辣椒丁和醬汁煮1分鐘。

❻ 接著把煎好的蝦子夾回鍋裡，再度蓋上鍋蓋關火燜2分鐘。

❼ 開蓋淋上芝麻油並撒入香菜即可享用。

美味小撇步

◆ 剪掉蝦胃後，蝦膏很容易壓出來，若沒有時間煉蝦湯，水量減半，煮蝦殼改為5分鐘。

◆ 為什麼下2把粉絲是一人鍋呢？因為1把絕對不夠吃喔！

Cooking
36

泰式酸辣海鮮寬粉

不就是沒時間又很想喝陰功湯，怎麼辦呢？
不要為難自己了！
拿出常備的泰國冬陰功湯醬包，
滿滿好料煎炒一下再煮，更甚原汁原味啊！

鍋具：陶瓷不沾湯鍋
容量：16cm / 1.2L

材料 [1人]

寬粉…1份約45g
泰式冬陰功湯醬包…70g
大蝦仁…120g
透抽…100g
蛤蜊…150g
豬里肌肉片…100g
蘑菇…50g
小番茄…75g

清水…400ml
雞高湯…100ml
香菜或九層塔…少許
辣椒…1根
檸檬片…適量

調味料

油…適量

醬汁

魚露…2大匙
糖…2小匙
檸檬汁…（一顆檸檬擠汁）

抓洗料

玉米粉…1小匙
米酒…1大匙

作法

❶ 蝦仁開背去腸泥用抓洗料抓洗並沖水洗淨瀝乾，透抽切圈，蝦仁和海鮮務必用紙巾完全擦乾，蛤蜊吐沙後也瀝乾。

❷ 寬粉加水泡軟，小番茄和蘑菇都對切，辣椒和香菜都切小段。

❸ 中小火起油鍋，依序分別將蝦仁、透抽和肉片都煎熟起鍋備用。

❹ 鍋裡補點油，放入蘑菇和小番茄耐心拌炒出香氣，倒入清水、雞高湯、冬陰功湯醬包和泡軟的寬粉，蓋鍋煮滾。

❺ 煮到寬粉可用筷子夾斷，放入蛤蜊，蛤蜊陸續開殼，即可將蝦仁、透抽和肉片夾回鍋裡。

❻ 最後淋入醬汁，加一些香菜、檸檬片和辣椒，就來開動嘍！

美味小撇步

◆ 將食材都先下鍋用少許油煸過，香氣比單純入湯裡燜煮更好。

◆ 喜歡濃郁冬陰功湯湯頭可採用醬包廠商建議，加入奶水或椰奶。

芋頭貢丸米粉湯

紅蔥酥、米粉配上芋頭和貢丸，
再來顆荷包蛋，
濃濃古早味就算沒肉也完美的啦！

鍋具：陶土砂鍋
容量：17cm / 0.95L

材料 [1人]
冷凍芋頭…90g
青江菜…3小株
貢丸…2顆
雞蛋…1顆
乾香菇…5g
櫻花蝦…5g
紅蔥酥…5g
純米粉…50g

芹菜…適量
清水…600ml

調味料
油…適量
薄鹽醬油…1.5大匙
鹽…適量
白胡椒…適量

作法

❶ 乾香菇泡軟切絲、青江菜剖半切、芹菜切細末。

❷ 中小火起油鍋，熱鍋熱油先煎一顆荷包蛋，取出備用。

❸ 原鍋轉小火，下香菇絲、櫻花蝦和紅蔥酥，慢慢炒出香氣。

❹ 放入芋頭和貢丸，倒入清水將火稍微轉大一些，蓋上鍋蓋將芋頭煮軟。

❺ 倒入醬油調味，不夠鹹可加少許鹽，接著放入純米粉和青江菜。

❻ 湯再煮滾放入荷包蛋，撒入芹菜末和白胡椒即完成。

美味小撇步

◆ 炒紅蔥酥務必轉小火避免燒焦。

◆ 若有雞高湯代替清水，只需再以少許鹽調味，湯頭則更濃郁迷人。

Cooking

38

脆皮鱸魚米粉湯

又是一鍋滿滿蔬菜的米粉湯，
鱸魚皮煎得金黃酥脆，
即使泡在熱湯裡，風味口感都超讚。

鍋具：陶瓷耐熱鍋
容量：19cm / 1.5L

材料 [1人]
鱸魚排…150g
新鮮香菇…60g
胡蘿蔔…30g
有機莧菜…100g
高麗菜…120g
純米粉…1塊約 (50g)
蔥白…1支

薑片…3片
清水…600ml

調味料
油…適量
鹽…少許
黑胡椒…少許

醬汁
韓式味噌（大醬）…2大匙
鍋裡的熱湯…少許

作法

❶ 鱸魚排加少許鹽和黑胡椒醃漬15分鐘後擦乾、胡蘿蔔和香菇都切片、高麗菜剝小塊、莧菜切段、蔥白切細絲泡入冷水使其卷曲。

❷ 中小火起油鍋，放入薑片慢慢煎，待薑片邊緣卷曲飄出香氣。

❸ 熱鍋熱油放入鱸魚耐心將魚煎熟並將魚皮煎焦酥先取出。

❹ 放入胡蘿蔔和香菇慢慢煸炒，炒出菇菇香氣放入高麗菜，加水蓋鍋煮滾。

❺ 湯滾，把醬汁拌勻並倒入湯裡調味，隨即放入純米粉和莧菜，轉中大火煮約1分鐘。

❻ 最後把鱸魚排夾回鍋裡，撒入蔥白絲即完成。

美味小撇步

◆ 純米粉不能煮太久，若想將鱸魚放在湯裡多煨一下使魚肉吸入大醬湯汁，可先將脆皮魚排放進湯裡煨煮一會兒，再放入純米粉。

◆ 若使用調和米粉，請先泡軟再入鍋。

絲瓜菇菇雞蛋米粉

無肉日嗎？
　來鍋簡單的清爽湯頭的米粉如何？
　　愛吃辣的話，
　　　別忘了喜歡的辣椒醬豪邁加下去。

鍋具：陶瓷不沾湯鍋
容量：18cm / 1.6L

材料 [1人]

純米粉…1塊 50g
絲瓜…半條（350g）
雪白菇…100g
新鮮香菇…2朵
雞蛋…2顆
清水…500ml

調味料

油…適量
醬油…2大匙
糖…1小匙
鹽…適量
白胡椒粉…適量
辣椒醬…隨喜好

作法

❶ 雞蛋攪打均勻、絲瓜切小塊、菇菇切除根部剝小株、香菇切去蒂頭，蒂頭切絲。

❷ 中小火起油鍋，下蛋汁稍微翻炒成形先起鍋。

❸ 原鍋放入雪白菇和香菇蒂頭絲，補點油拌炒至沒有飄出生菇味。

❹ 倒入醬油和糖繼續拌炒入味，放入絲瓜和香菇並加入清水，蓋鍋煮滾。

❺ 湯滾放入純米粉煮1分鐘，接著將雞蛋回鍋撒上白胡椒粉即完成。

❻ 若覺得湯頭不夠鹹可補鹽調味，或加入喜歡的辣椒醬都好吃喔。

美味小撇步

◆ 炒菇菇不放油更容易煸乾出香氣，不過有些鍋子不適合乾煸，可視情況變通調整。

◆ 若將絲瓜改為一整條，其他份量都不變，調味料就不必加糖嘍，湯頭也會非常清甜。

番茄南瓜五花肉米粉

認真把牛番茄炒成糊，
再用水慢慢把番茄和南瓜的甜度熬出來，
只用少許海鹽調味，
湯頭就無敵了。

鍋具：陶瓷不沾湯鍋
容量：18cm / 1.6L

材料［1人］
豬五花肉片…150g
牛番茄…180g
栗南瓜…180g
洋蔥…100g
韓式魚板…90g
青江菜…80g

純米粉…50g
清水…800ml

調味料
鹽…1小匙
辣椒醬…隨喜好

作法

❶ 牛番茄和栗南瓜切小丁、洋蔥切絲、青江菜切小段。

❷ 中小火起一鍋，先來炒五花肉片，炒乾豬肉組織液後先夾出來。

❸ 利用鍋裡煸出來的豬油，放入牛番茄、栗南瓜和洋蔥，耐心炒軟，牛番茄炒軟成糊狀，倒入清水並蓋鍋煮滾。

❹ 湯滾再煮一會兒把蔬菜甜度熬出來，放入韓式魚板和純米粉。

❺ 待米粉煮軟，加點鹽調味，放入青菜再稍微煮一下就完成了。

美味小撇步

◆ 我愛辣辣的米粉湯，所以挖了一瓢朝天椒醬一起享用。

◆ 南瓜切小丁可快速煮軟熬出甜度。

蒲瓜麻油蛋米粉

用蒲瓜和番茄來熬麻油湯，
清甜不燥，
簡單加點鹽調味就有好湯頭！

鍋具：陶瓷不沾湯鍋
容量：16cm / 1.2L

材料 [1人]
蒲瓜…200g
牛番茄…100g
薑片…3片
雞蛋…1顆
純米粉…1塊（50g）
清水…400ml

調味料
麻油…1又1/4大匙
米酒…3大匙
鹽…適量

作法
❶ 蒲瓜切粗絲、牛番茄切大丁。

❷ 小火起鍋倒入1大匙麻油，放入薄薑片，耐心慢慢把薑片焗出香氣。

❸ 待薑片邊緣卷曲，打入雞蛋，將荷包蛋煎到喜歡的熟度先夾出來。

❹ 原鍋不必補油倒入牛番茄耐心炒軟，轉中小火，接著倒入米酒把番茄煨一下。

❺ 待酒氣散掉，倒入蒲瓜和清水，蓋鍋把蒲瓜煮軟。

❻ 蒲瓜煮軟後加少許鹽調味，放入純米粉煮1～2分鐘。

❼ 最後把荷包蛋夾回鍋裡，再淋少許麻油即完成。

美味小撇步
◆ 麻油焗薑片火侯不要太大，比較不容易燒焦。

◆ 起鍋前淋一點麻油增加香氣，建議不要加枸杞，枸杞有加強屬性作用，避免加強麻油料理過燥。

Chapter

肚子餓餓
　一鍋吃飽飽

不按牌理
亂亂煮

酸辣菜肉湯餃

使用菜肉餃子，
湯裡就不加肉了，
邊吃餃子又喝熱湯，超過癮。

鍋具：琺瑯鑄鐵湯鍋
容量：20cm / 2.4L

材料 [2人]
菜肉水餃…16～18顆
牛番茄…200g
洋蔥…半顆
新鮮香菇…100g
板豆腐…200g
青江菜…120g

雞蛋…2顆
清水…900ml
香菜或蔥花…15g

調味料
油…適量

醬汁
烏醋…2大匙
白醋…3大匙
醬油…2大匙
清酒…1大匙
香油…1小匙
白胡椒…1小匙

鹽…1小匙
糖…2小匙

芡汁（可略）
玉米粉…1大匙
清水…2大匙

作法
❶ 雞蛋攪打均勻、所有食材都切小丁、醬汁和芡汁分別攪拌均勻。
❷ 中小火起油鍋，放入番茄丁耐心炒成番茄糊。
❸ 接著放入洋蔥丁和香菇丁炒出香氣。
❹ 洋蔥變透明即加入清水700ml，蓋鍋等湯滾。
❺ 湯滾放入水餃並輕輕攪拌避免餃子黏鍋。
❻ 湯再燒滾，倒入剩餘200ml清水和豆腐再繼續把湯滾。
❼ 放入青江菜和醬汁調味，接著分2～3次倒入芡汁攪拌均勻，不想勾芡可省略。
❽ 最後倒入蛋汁不要馬上攪動，等蛋花煮熟稍微翻動，撒入香菜即完成。

美味小撇步
◆ 番茄一定要耐心用油炒出番茄紅素，釋放甜味。
◆ 可自行增減白醋和白胡椒粉調整酸辣程度。

起司餃子年糕湯

有時候減醣，
　　　當然有時候就要爆醣呀，
這才是人生嘛！

鍋具：陶瓷不沾湯鍋
容量：18cm / 1.5L

材料 [1人]

水餃…5顆約120g
韓式年糕…85g
韓式魚板…65g
乳酪絲…40g
高麗菜…120g
胡蘿蔔…30g
黑蠔菇…90g
青蔥…1支

蒜瓣…2個
柴魚昆布高湯…800ml
（作法見P.11）

調味料

油…適量
水…適量（煎餃用）
鹽…適量

醬汁

韓式辣醬…2大匙
薄鹽醬油…1大匙
味醂…1大匙
糖…1匙
辣椒粉…1小匙
咖哩粉…1小匙
芝麻油…1小匙

作法

❶ 蒜瓣切細末、青蔥切段、胡蘿蔔切薄片、菇菇剝小株、高麗菜撕小片。

❷ 中小火起油鍋，先放入水餃，倒入1米杯水蓋鍋將餃子煎熟取出備用。

❸ 原鍋補少許油，下胡蘿蔔耐心炒軟，接著放入菇菇和蒜末拌炒出蒜香。

❹ 放入高麗菜、魚板和年糕，再倒入高湯和醬汁，蓋鍋煮滾。

❺ 湯滾稍微煮一會兒把年糕煮軟，若不夠鹹可加點鹽調味。

❻ 最後放入青蔥、煎餃，並把乳酪絲撒在湯的表面即可開動。

美味小撇步

◆ 也可略過步驟2，將水餃於步驟4一起下鍋則可節省更多時間。

◆ 所有配料都能增減，醬汁配合高湯份量調整即可。

沙茶透抽蘿蔔糕

鮮甜彈牙的透抽和煎的焦香的蘿蔔糕，
都巴上了濃郁的沙茶醬汁，
再大盤我都能嗑光光！

鍋具：陶瓷不沾小炒鍋
容量：18cm / 0.8L

材料［1人］

蘿蔔糕…250g
透抽…250g
胡蘿蔔…30g
薑片…2片
蒜瓣…2個
蔥花…適量

調味料

油…適量

醬汁

沙茶醬…1大匙
薄鹽醬油…1大匙
糖…1小匙
清酒…1.5大匙

作法

❶ 蒜瓣和薑片切細末、胡蘿蔔切片、透抽切圈、蘿蔔糕切小塊。

❷ 中小火起油鍋，下蘿蔔糕耐心兩面煎焦酥先取出。

❸ 原鍋補點油放入蘿蔔片拌炒，看見胡蘿蔔素釋出則將透抽下鍋，並放入薑蒜半炒出香氣。

❹ 透抽八分熟，將蘿蔔糕倒回鍋裡，隨即倒入醬汁翻拌均勻撒入蔥花即完成。

美味小撇步

◆ 透抽入鍋前務必擦乾，油煎才能產生鮮香。

◆ 蘿蔔糕不煎直接入鍋拌炒也可以，口感會比較溼軟。

日式關東煮

冬天就是想吃關東煮呀！
湯底備好，
　喜歡的食材往裡面丟，
馬上就開動了！

鍋具：鑄鐵鍋｜樂烹鍋
容量：23cm／3.1L

材料 [4人]
白蘿蔔1條⋯600g
高麗菜⋯4葉
日式油揚⋯1片
冷凍水餃⋯2顆
水蓮⋯2條（或韭菜花6根）

雞蛋⋯2顆
鵝米血⋯200g
關東煮物⋯隨喜好
柴魚昆布高湯⋯2000ml
（作法見P.11）

高湯醬汁
醬油⋯2大匙
味醂⋯3大匙
清酒⋯6大匙
糖⋯1大匙
鹽⋯1小匙

作法

❶ 白蘿蔔切圓厚度約1.5公分，上下圓切面輕輕地各切個淺淺十字好讓蘿蔔入味。

❷ 鵝米血切塊、雞蛋帶殼煮熟或蒸熟並剝去蛋殼備用。

❸ 起一湯鍋開中火，倒入柴魚昆布高湯，放入蘿蔔塊，把蘿蔔煮到半透明。

❹ 煮蘿蔔的過程中，湯滾來汆燙高麗菜葉和水蓮，高麗菜燙軟、水蓮燙30秒取出。

❺ 將水蓮剪成6條小綁帶，高麗菜葉捲成菜捲，用水蓮綁緊。

❻ 油揚分切成為2個豆皮袋，各放入水餃，也用水蓮綁緊。

❼ 白蘿蔔呈現半透明，將醬汁倒入鍋裡，轉小火煮20分鐘使蘿蔔入味。

❽ 接著可放入關東煮物，耐煮的先下鍋比如米血糕、水煮蛋、章魚、高麗菜捲或菇
類，快熟的煮物可開動前再下鍋，煮5分鐘即可。

美味小撇步

◆ 白蘿蔔要先煮軟才會吸入湯汁風味，所以煮軟之前，高湯先不調味。

◆ 高麗菜捲也可包入喜歡的食材如絞肉或魚漿，都不包吃起來也很清爽。

◆ 驚喜福袋放入鳥蛋、年糕或烏龍麵都可以增添樂趣。

櫛瓜年糕杏鮑菇

有吃過名店裡的松子年糕牛肉嗎？
今天不吃肉，
一樣用三種食材燒出好味道和不同口感，
好吃！

鍋具：陶瓷不沾湯鍋

容量：18cm / 1.6L

材料〔2人〕
韓式年糕…200g
櫛瓜…200g
杏鮑菇…200g
乾辣椒或新鮮辣椒…2根
清水…120ml

調味料
油…適量
白芝麻粒…少許

醬汁
薄鹽醬油…1.5大匙
糖…1.5小匙

味醂…1大匙
清酒…2大匙
沙茶醬…1大匙

作法

❶ 所有食材都切1.5公分小丁，杏鮑菇可切稍大一些，杏鮑菇煸過後會縮水變小。

❷ 中小火起油鍋，下杏鮑菇丁耐心煎，直到表面焦黃可先取出。

❸ 原鍋下年糕丁，倒入水蓋上鍋蓋將年糕煮軟。

❹ 年糕變軟了，趁鍋裡還有少許水，倒入櫛瓜、杏鮑菇和醬汁，稍微翻拌後蓋鍋轉小火燜2分鐘。

❺ 打開鍋蓋輕輕翻拌避免年糕黏鍋底，直到醬汁快收乾撒入辣椒和白芝麻即完成。

美味小撇步

◆ 下鍋順序是美味關鍵，年糕切小丁巴上醬汁入味Q彈有嚼勁，杏鮑菇的口感是脆彈滑嫩，而櫛瓜則是爽脆多汁。

◆ 不喜歡沙茶醬可不加或改用辣椒醬、辣粉或辣油。

Chapter

5

肚子餓餓
　　一鍋吃飽飽

亂亂煮也能
增肌減脂

泡菜豬肉豆皮鍋

韓式泡菜做鍋底，
那酸得帶勁兒的湯頭
跟豆皮真是超合拍。

鍋具：琺瑯鑄鐵湯鍋
容量：18cm / 1.66L

材料 [1人]
韓式泡菜…150g
梅花火鍋肉片…150g
炸豆皮…2捲
黑夜白菜…100g
杏鮑菇…100g

洋蔥…150g
雞蛋…1顆
清水…500ml

調味料
油…適量

醬汁
韓式辣醬…1/2大匙
鰹魚露…1.5大匙
清酒…1大匙
乾辣椒粉…隨喜好

作法

❶ 滾水汆燙豆皮，燙軟後用清水沖洗瀝乾，洋蔥切粗絲、杏鮑菇切薄片、青菜切小段。

❷ 中小火起鍋放入豬肉片，炒乾組織液微焦狀態也先取出。

❸ 接著放入洋蔥並補點油，將洋蔥炒到半透明後放入杏鮑菇拌炒出香氣。

❹ 再來把肉片夾回鍋裡、倒入醬汁翻炒入味。

❺ 放入泡菜、加清水後打入雞蛋，蓋鍋。

❻ 湯滾放入青菜和豆皮，煮2分鐘即完成。

美味小撇步

◆ 炸豆皮一定要滾水燙軟後沖水去油，若炸豆皮去油後油脂含量仍無法接受，可改用生豆包或腐皮。

◆ 辣椒粉可加入醬汁拌炒食材，也可煮好之後再撒入湯裡。

◆ 泡菜風味鹹度不一，鰹魚露份量可隨泡菜口味調整。

肉末豆腐半熟蛋

無須另外添油,
簡單操作可出餐,
蛋白質滿載給足需要增肌的你。

鍋具:陶瓷不沾小炒鍋
容量:18cm / 0.8L

材料 [1 人]

豬絞肉…150g
嫩豆腐…300g
雞蛋…1 顆
秋葵…3 根
蒜瓣…3 個
蔥花…適量
牛番茄…隨喜好（可略）

醬汁

薄鹽醬油…1.5 大匙
味醂…1 大匙
清酒…1 大匙
白醋…2 大匙
糖…1.5 小匙
白胡椒…適量

作法

❶ 豆腐分切小塊、蒜瓣切細末、秋葵切丁、牛番茄切薄片。

❷ 中小火起鍋，倒入豬絞肉炒乾豬肉組織液，放入蒜末拌炒出蒜香。

❸ 接著放入豆腐並倒入醬汁，調整一下豆腐使豆腐都能淹入醬汁。

❹ 在中間打入一顆雞蛋，並在雞蛋周圍撒入秋葵丁、番茄和蔥花。

❺ 蓋鍋燜煮，煮到雞蛋呈現自己喜歡的熟度即完成。

美味小撇步

◆ 這道料理單獨享用也能飽足，蓋在白飯上也是很美味的蓋飯料理。

◆ 豆腐可隨喜好挑選，嫩豆腐、雞蛋豆腐或板豆腐皆可。

泡菜涼拌豬肉豆皮

韓式泡菜功能多多，
能炒菜煮湯也能涼拌，
這道涼拌菜以汆燙去油後的食材來組合，
清爽又入味！

鍋具：陶瓷不沾湯鍋

容量：18cm / 1.6L

材料 [2人]

梅花火鍋肉片…180g
韓式泡菜…200g
炸豆皮…2捲
杏鮑菇…150g
小黃瓜…1條
香菜…1株
辣椒…隨喜好

醬汁

白醬油或鰹魚露…2大匙
芝麻油…1大匙
辣椒粉…隨喜好

作法

❶ 杏鮑菇和小黃瓜用刨刀刨成薄片，小黃瓜瓜囊隨喜好保留或丟棄，香菜切小段、辣椒切細末、豆皮用銳利的刀分切。

❷ 起一鍋滾水，無須換水依序汆燙杏鮑菇、肉片和豆皮，個別燙熟後撈起瀝乾，唯豆皮須沖水去油後再以冷開水漂洗瀝乾。

❸ 將鍋裡的水倒掉並將鍋子擦乾，接著放入所有食材，倒入醬汁翻拌均勻就開動嘍！

美味小撇步

◆ 韓式泡菜基本上富有洋蔥和大蒜風味，所以食材裡能省去蔥薑蒜。

◆ 不喜歡香菜也可改用韓國芝麻葉或其他新鮮香草取代。

番茄豆乳豬肉鍋

這一鍋豪邁完食，
滿滿的蛋白質馬上補上！

鍋具：琺瑯鑄鐵湯鍋
容量：18cm / 1.75L

材料［1人］
豬五花肉片…150g
牛番茄…200g
金針菇…200g
翠玉娃娃菜…125g
青蔥…2 支
板豆腐…200g

無糖厚豆乳…400ml
清水…200ml

調味料
鹽…適量
白芝麻…適量

醬汁
薄鹽醬油…1.5 大匙
白味噌…1 大匙
糖…1 小匙

作法

❶ 牛番茄切小丁、板豆腐切小塊、青蔥切蔥花後將蔥白蔥青分開，金針菇切去根部。

❷ 中小火起鍋不放油，下豬肉片炒乾組織液後先夾出來。

❸ 接著利用鍋裡的豬油放入牛番茄和蔥白，耐心將番茄炒軟。

❹ 放入金針菇稍微炒軟後，放入板豆腐並加入清水，蓋鍋煮滾。

❺ 湯滾放入娃娃菜，待娃娃菜煮軟，從鍋邊緩緩倒入豆乳，接著倒入醬汁輕輕拌勻，
若不夠鹹可用少許鹽調味。

❻ 趁湯尚未燒滾，把肉片夾回鍋裡，待湯冒小泡泡，撒入蔥青和白芝麻即完成。

美味小撇步

◆ 將豆乳慢慢倒入，避免豆乳遇高溫油水分離變豆花。

◆ 減脂不是完全無油脂，利用五花肉片煸出來的油炒蔬菜，減脂又健康。

櫻花蝦豬肉炒豆包

想吃鹹酥雞又只能忍的時候，
就動手炒這道吧！
然後偷偷去冰箱把啤酒拿出來。

鍋具：平底不沾鍋
尺寸：24cm

材料 [1人]

豬五花肉片…150g
生豆包…160g
櫻花蝦…6g
蒜瓣…5個
青蔥…4支
朝天椒…2支

醬汁

薄鹽醬油…1大匙
糖…1小匙
清酒…1大匙
辣椒醬…加碼爆好吃

作法

❶ 超市買入的豬五花肉片可不切，將生豆包拉開先切成五花肉片長度，再順紋剝成五花肉片
　　寬度，蒜瓣切細末、青蔥切蔥花、朝天椒切小段。

❷ 中小火起一鍋，放入五花肉片耐心煎到兩面焦酥先夾出來，若煸出來的豬油份量太多可先
　　倒一些出來，留著炒蔬菜用。

❸ 利用鍋裡少量豬油，耐心煎豆包，也必須將兩面煎焦酥。

❹ 接著鍋裡放入櫻花蝦和蒜末，和豆包一起翻炒，櫻花蝦炒酥酥香氣十足啊。

❺ 把肉片夾回鍋裡並倒入醬汁，快速翻炒讓食材入味。

❻ 最後放入朝天椒和蔥花，翻拌均勻即完成。

美味小撇步

◆ 使用五花肉片可直接取用天然豬油來料理，若使用瘦肉也可以，可適量添加少許食用油。

◆ 五花肉片和豆包分切大小一致，口感特別好，如果肉片想切小，豆包就跟著切小。

52 雞肉馬鈴薯風味煮

來鍋懶人煮，
滿滿一鍋有肉有菜，
湯頭甜甜好入口，
不吃飯也能飽足！

鍋具：琺瑯鑄鐵湯鍋
容量：18cm / 1.75L

材料［2人］

去骨雞腿肉…250g
胡蘿蔔…50g
黑蠔菇…120g
白蘿蔔…150g
馬鈴薯…200g

板豆腐…200g
洋蔥…50g
蒜瓣…4個
蔥花…少許
昆布柴魚高湯…300ml
（作法見 P.11）

醬汁

薄鹽醬油…2 大匙
味醂…2 大匙
清酒…2 大匙
糖…2 小匙

作法

❶ 蒜瓣不切，其餘食材都切塊，大小盡量一致。

❷ 中小火起一鍋，放入去骨雞腿肉雞皮朝下，雞皮那面煎上色後可先取出。

❸ 接著放入菇菇、胡蘿蔔、白蘿蔔、馬鈴薯、洋蔥和蒜瓣，倒入高湯和醬汁，蓋鍋等湯煮滾。

❹ 湯滾後食材可壓入湯裡，接著投入板豆腐，再把雞肉夾回鍋裡，轉小火蓋鍋留小縫。

❺ 耐心等到馬鈴薯煮軟後，撒入少許蔥花即完成。

美味小撇步

◆ 這鍋風味煮成品湯汁甜甜好入口，但食材口味較淡，可酌量增加醬油份量但湯汁會稍鹹。

◆ 若兩人分食份量不夠，可放一些蒟蒻卷或豆皮增加飽足感。

◆ 若擔心煎雞肉黏鍋，可先噴少許油在鍋底。

麻辣雞肉時蔬

準備自己喜歡的食材，
有的汆燙瀝乾、有的煎香香，
拌入麻辣醬，
就來追劇嘍！

鍋具：陶瓷不沾湯鍋
容量：18cm / 1.6L

材料 [2 人]
去骨雞腿肉或雞胸肉…250g
生豆包…180g
杏包菇…80g
綠花椰…120g
櫛瓜…100g
高麗菜…120g

蒜瓣…5個

調味料
油…適量
麻辣粉…少許
乾辣椒粉…少許
清酒…1大匙

鹽…少許

醬汁
薄鹽醬油…1大匙
麻辣醬…2大匙
麻辣粉…1小匙

作法

❶ 蒜瓣切碎、其他食材隨喜好分切大塊。

❷ 中小火起一鍋熱水，放入少許鹽，將綠花椰、櫛瓜和高麗菜分別或一起汆燙1分鐘撈起瀝乾。

❸ 原鍋水倒掉，擦乾倒少許油熱鍋，放入雞肉雞皮朝下耐心煎焦焦，煎出雞油後放入杏鮑菇，杏包菇煎上色後放入豆包繼續耐心煎。

❹ 接著放入蒜末，倒入清酒嗆一下，確定雞肉可以筷子輕易穿透可關火。

❺ 將蔬菜夾回鍋裡，倒入醬汁拌勻，最後撒入少許麻辣粉和辣椒粉即完成。

美味小撇步

◆ 蔬菜建議不要汆燙太久，保有脆度拌起來口感比較好。

◆ 請依鍋具特性煎雞腿排，不怕黏鍋可熱鍋直接下雞腿排煸出雞油，若使用雞胸肉，可添油煎熟或蒸熟後切片再一起拌入醬汁。

時蔬鹹水雞

夜市鹹水雞是廣受歡迎的追劇小吃，
自己簡單弄，經濟實惠，
要是連雞肉都懶得煮，
超市買來現成的油雞雞胸拌一拌蔬菜，
更方便。

鍋具：陶瓷不沾湯鍋
容量：18cm / 1.5L

材料 [2 人]
仿土雞雞胸肉…300g
綠花椰…120g
高麗菜…120g
蓮藕…100g
玉米筍…4 支
黑木耳…60g
新鮮香菇…4 朵
醜豆或四季豆…3 根

調味料
鹽…1/2 小匙

醃漬料
鹽…3g
清酒…2 大匙
薑片…1 片
蔥白…少許

醬汁
芝麻油或香油…2 大匙
胡椒鹽…1/2~1 大匙
雞高湯…2 大匙（可略）
鹽…適量（不夠鹹再加）
薑泥…1 大匙
辣椒…2 支
辣椒油…隨喜好

作法

❶ 雞肉以醃漬料抓勻冷藏6小時擦乾不切、高麗菜切大塊、蓮藕切片、辣椒切丁、其
他食材分切一下。

❷ 起一鍋滾水，加1/2小匙鹽，放入雞肉和蓮藕，水滾轉最小火蓋鍋煮8～15分鐘，
筷子可輕易穿透雞肉就都取出，放入冰塊水中。

❸ 原鍋滾水汆燙蔬菜，每樣燙大約1～2分鐘，起鍋也放入冰水中。

❹ 所有食材冰鎮後瀝乾，帶皮雞肉就剪小塊，若不帶皮就順紋剝粗絲，一起拌入醬汁
料即可。

美味小撇步

◆ 犯懶用一般雞肉也可以，只是肉質較鬆散沒彈性。

◆ 雞肉若煮了15分鐘，筷子穿不透，就將鍋裡水燒滾關火蓋鍋燜 20 分鐘。

◆ 煨煮雞肉時可添加中藥材如紅棗、甘草和白胡椒粒，雞肉吃起來會更甜。

南瓜雞肉豆腐鍋

把洋蔥炒得香噴噴加上大量蔬菜
煨煮湯頭，這鍋有好喝的湯、
好吃的原型蔬菜
和能飽足的雞柳和板豆腐。

鍋具：琺瑯鑄鐵湯鍋
容量：18cm / 1.7L

材料 [1人]

雞里肌⋯150g
栗南瓜⋯180g
高麗菜⋯150g
洋蔥⋯150g
蘑菇⋯50g
板豆腐⋯200g
清水⋯700ml

調味料

油⋯適量
白醬油或鰹魚露⋯2大匙
鹽⋯少許
黑胡椒粒⋯少許

作法

❶ 雞里肌兩面撒上少許鹽和黑胡椒靜置15分鐘，洋蔥切塊、小蘑菇不切、栗南瓜去籽切1公分厚片、板豆腐分切小塊、高麗菜撕小片。

❷ 中小火起油鍋，將雞里肌下鍋兩面煎至微焦先取出來，原鍋放入洋蔥和蘑菇半炒出香氣。

❸ 放入高麗菜和栗南瓜，倒入清水蓋鍋等湯煮滾。

❹ 湯滾放入板豆腐，待南瓜煮軟，倒入鰹魚露調味，若不夠鹹可補少許鹽。

❺ 最後把雞里肌夾回鍋裡再煮2分鐘即可開動。

美味小撇步

◆ 這鍋湯頭走清爽路線，若不喜歡洋蔥也可炒牛番茄來取代。

◆ 南瓜品種可依個人偏好選用，都很美味。

味噌雞腿排煨南瓜

滿滿一鍋有肉有菜吃飽飽！

鍋具：琺瑯鑄鐵湯鍋

容量：18cm / 1.75L

材料［1 人］
去骨雞腿排…250g
栗南瓜…190g
洋蔥…100g
櫛瓜…100g
杏鮑菇…150g
清水…200ml

醬汁
韓式味噌…40g
鰹魚露…1 大匙
清酒…1 大匙

調味料
白芝麻…適量

作法

❶ 去骨雞腿排剪除油脂後切長條，杏鮑菇切大滾刀塊，南瓜、洋蔥和櫛瓜都切塊，醬汁攪拌均勻。

❷ 中小火起一鍋鍋燒熱，放入雞腿排，雞皮朝下耐心將兩面都煎焦酥上色。

❸ 放入洋蔥炒出洋蔥香氣，放入杏鮑菇和南瓜，接著倒入醬汁翻炒一下。

❹ 倒入清水蓋鍋直到南瓜煮軟，放入櫛瓜並壓入湯汁裡，再蓋鍋燜煮2分鐘即可關火。

❺ 最後撒入白芝麻即可開動。

美味小撇步

◆ 味噌和鰹魚露各家品牌口味有差異，鹹淡請自行調整。

◆ 這鍋簡單燜煮而成，醬汁美味適合拌麵或拌飯，想吃澱粉時也可以來上一鍋。

鎖管豬肉馬鈴薯湯

澎湖鎖管好鮮甜、
馬鈴薯鬆軟綿密、瘦肉有嚼勁，
番茄黃豆芽湯營養清爽好滋味，
還可以一鍋飽。

鍋具：陶瓷不沾湯鍋

容量：18cm / 1.6L

材料 [2人]
澎湖鎖管…200g
豬里肌肉片…100g
馬鈴薯…250g
牛番茄…220g
奶油白菜…100g

黃豆芽…50g
清水…600ml

調味料
油…適量
白醬油…2大匙

作法
❶ 鎖管不切，牛番茄2/3切小丁、1/3切塊，馬鈴薯切大滾刀塊、奶油白菜隨意切或不切。
❷ 中小火起油鍋，倒入番茄丁耐心炒成糊，再將番茄塊放入稍微翻炒。
❸ 接著放入黃豆芽和馬鈴薯塊，倒水蓋鍋煮滾，湯滾轉小火煮至馬鈴薯可用牙籤穿透。
❹ 火稍微調大，加2大匙白醬油調味，放入肉片和鎖管，待肉片和鎖管煮熟再將青菜放入。
❺ 湯再煮滾，青菜煮熟即完成。

美味小撇步
◆ 若有時間，將鎖管和豬肉先煎熟取出最後再回鍋更好，若沒時間最後來煮也可以，若有浮
　沫務必撈除。
◆ 黃豆芽根部可隨偏好留下或去除。

蛤蜊山藥豆腐湯

只要等湯快速煮沸4次，
清爽的湯鍋裡有好多健康的食材，
吃兩碗就飽飽了！

鍋具：陶瓷不沾湯鍋
容量：18cm / 1.6L

材料 [2 人]

蛤蜊…300g
牛番茄…200g
日式山藥…250g
板豆腐…200g
青江菜…150g

新鮮香菇…50g
薑泥…8g
蒜泥…8g
清水…600ml

調味料

油…適量
鰹魚露…1大匙
鹽…適量
白胡椒…適量

作法

❶ 板豆腐切1公分小丁，其他食材切2公分小丁。

❷ 中小火起油鍋，先放入香菇和牛番茄，耐心將番茄炒軟後，倒入薑泥蒜泥和1大匙鰹魚露炒出薑蒜香氣。

❸ 放入蛤蜊並加入200ml清水煮滾，蛤蜊殼打開隨即將蛤蜊一一夾出並將蛤蜊肉取出備用。

❹ 接著倒入豆腐和剩餘400ml清水，蓋鍋煮滾，放入適量鹽調味，接著放入山藥丁，待湯再次燒滾。

❺ 湯滾放入青江菜，再次等湯燒滾後，將蛤蜊肉倒回湯裡，撒入少許白胡椒即完成。

美味小撇步

◆ 豆腐切小丁容易入味，2公分的山藥不耐煮，湯滾兩次的時間，口感剛好軟硬適中。

◆ 若在寒流來襲的夜裡煮上這一鍋，建議稍微勾點芡汁，熱呼呼的湯頭可以慢慢喝不怕湯涼。

川味鯖魚煨豆包

鯖魚常常吃烤的或煎的嗎？
今天來試一下用麻辣醬汁煨煮的風味。

鍋具：陶瓷不沾湯鍋
容量：16cm / 1.2L

材料 [1人]
挪威鯖魚…300g
生豆包…170g
馬鈴薯…100g
蔥花…20g

調味料
油…適量
白芝麻…少許

醬汁
薑泥…15g
花椒油…1/2大匙
椒麻粉或辣椒粉…1/2大匙
醬油…1.5大匙
蠔油…1大匙
味醂…2大匙
清酒…1大匙
水…100ml

作法

❶ 豆包切塊滾水汆燙10秒瀝乾備用、鯖魚切小塊、馬鈴薯切片厚度約0.8公分。

❷ 中小火起油鍋，先將馬鈴薯鋪鍋底，接著放入鯖魚塊皮朝下。

❸ 倒入醬汁並讓鯖魚都能沾到醬汁，蓋鍋煮滾後轉小火慢慢煨煮入味。

❹ 待馬鈴薯可輕易以筷子穿透，放入豆包稍微翻拌。

❺ 最後撒入蔥花和白芝麻即完成。

美味小撇步

◆ 也可先將鯖魚兩面煎焦酥再入醬汁中煨煮，花的時間稍多但口感更香酥迷人。

◆ 花椒油和椒麻粉也可以1大匙韓式辣醬取代。

Cooking
60

鵝血糕蘿蔔湯

口感比一般米血糕更軟Q、
更香醇的鵝米血糕，蛋白質含量和板豆腐一樣，
喝口清甜的蘿蔔湯，再來一塊軟糯的鵝米血，
再用清爽的白花椰收尾，實在太喜歡了。

鍋具：陶瓷耐熱鍋
容量：19cm / 1.5L

材料 [2 人]

鵝血糕…200g
雪白菇…100g
白蘿蔔…300g
白花椰菜…150g
薑片…2 片
香菜…1 株
清水…500ml

調味料

油…適量
鹽…適量
白胡椒…適量

作法

❶ 鵝血糕切塊厚度約0.8公分,雪白菇剝小株、白蘿蔔切塊1公分厚、白花椰菜分小株。

❷ 中小火起油鍋,下薑片油煸出香氣,放入菇菇耐心翻炒,待菇味消失飄出香氣。

❸ 投入白蘿蔔和鵝血糕,並倒入清水,蓋鍋煮滾後轉小火把蘿蔔和鵝米血煮軟。

❹ 加少許鹽調味後,放入白花椰菜,若鍋子太小,可再度蓋上鍋蓋繼續煮2分鐘就會煮熟。

❺ 最後撒入香菜和白胡椒即完成。

美味小撇步

◆ 這鍋是湯少料多的版本,若喜歡湯多可增加水量和鹽份。

◆ 煮軟的鵝血糕可搭配是拉差醬來吃,另有一番風味。

Chapter

6

肚子 3 分餓，
只想解饞不想吃太飽

亂亂煮
順便減醣

金菇豬肉煨豆腐

豬肉豆腐份量都很夠，
加上金針菇口感爽脆，
減醣也可以享用美味又飽足的一餐。

鍋具：耐熱陶瓷湯鍋
容量：20.5cm / 1.2L

材料 [1人]
豬五花肉片…200克
金針菇…200克
秋葵…80克
蒜末…1大匙
板豆腐…1盒
乾辣椒…1條
清水…50cc

香菜…適量

醬汁
醬油…2大匙
糖…2小匙
味醂…1大匙
清酒…2大匙

作法

❶ 金針菇切段、秋葵切丁、板豆腐分切6片、乾辣椒切碎。

❷ 起一鍋不放油，放入五花肉片炒乾豬肉組織液後倒入金針菇拌炒。

❸ 金針菇炒軟後倒入醬汁和蒜末拌炒入味。

❹ 接著把肉片先撥到一邊，在鍋底空出位置放入豆腐。

❺ 豆腐都下鍋後，把肉片夾到豆腐上，沿著鍋邊倒入清水。

❻ 倒入秋葵，蓋上鍋蓋轉小火，煨煮3分鐘讓豆腐入味、秋葵蒸熟。

❼ 最後撒入碎乾辣椒和香菜即完成。

美味小撇步

◆ 喜歡辣，乾辣椒可與蒜末在步驟3一起下鍋。

◆ 如果使用比較小的鍋具，步驟4也可改成將肉片先夾出來。

高麗菜豆皮豬肉鍋

五花肉先炒後煮，
　肉湯和蘿蔔薄片一起煨煮，
湯頭好甜好甜！

鍋具：琺瑯鑄鐵湯鍋
容量：18cm / 1.66L

材料 [1人]

豬五花肉片…200g
高麗菜…200g
蘑菇…50g
胡蘿蔔…40g
白蘿蔔…50g

炸豆皮…2捲
蒜瓣…2個
青蔥…少許
清水…500ml

調味料

薄鹽醬油…1大匙
糖…1小匙
鹽…適量

作法

❶ 五花肉切小片、蘑菇切片、蒜瓣切細末、高麗菜隨意剝片、兩種蘿蔔用削皮刀刨薄
　片、青蔥切段。

❷ 中小火起一鍋滾水先汆燙豆皮，豆皮洗淨瀝乾備用、水倒除。

❸ 原鍋放入蘑菇，焙乾水分飄出菇菇香氣，放入五花肉片炒乾豬肉組織液。

❹ 放入蒜末，並加入1大匙醬油和1小匙糖拌炒入味。

❺ 接著放入紅、白蘿蔔片和高麗菜，加入清水蓋鍋煮滾。

❻ 湯滾後補少許鹽調味，最後放入豆皮並撒入少許青蔥即完成。

美味小撇步

◆ 耐心炒乾五花肉組織液，加入調味料拌炒後的五花肉片才會鹹香入味。

◆ 這鍋五花肉片不拿出來，留在鍋裡煮，五花肉油與蔬菜甜度結合，菜肉好吃湯也
　好喝。

無水雞肉蔬菜

找個鍋蓋密合的鍋具，
　　　依序將食材丟進鍋裡，
　　無須需加水，
20分鐘就能享用滿滿一鍋原汁原味的健康食材。

鍋具：琺瑯鑄鐵湯鍋

容量：18cm / 1.75L

材料[2人]

去骨雞腿或雞胸…250g
洋蔥…50g
蒜瓣…3個
罐頭切塊番茄…200g

茄子…60g
白蘿蔔…150g
胡蘿蔔…70g
蘑菇…70g
玉米筍…80g

茭白筍…120g
醜豆…60g

調味料
白醬油…1大匙

作法

❶ 雞肉切塊、蒜切細末、洋蔥切丁、蘿蔔切0.5公分、茄子切段、其餘食材滾刀切。

❷ 中小火起鍋，熱鍋放入去骨雞腿肉，擔心黏鍋可先以少許油熱鍋潤一下，雞皮朝下耐心將雞皮煎焦後翻面。

❸ 接著放入洋蔥和蒜末，利用鍋裡空位炒出香氣後倒入番茄塊，此時雞肉可稍微翻炒。

❹ 將茄子紫面朝下放入鍋裡，再放入紅白蘿蔔，再放入蘑菇、玉米筍和茭白筍。

❺ 轉小火蓋上鍋蓋，慢慢煨煮10分鐘，開蓋把醜豆投入再蓋鍋2分鐘。

❻ 最後倒入白醬油，稍微翻拌就開動嘍。

美味小撇步

◆ 按步驟以琺瑯鑄鐵鍋烹煮，鍋底雖有些微焦化並不會影響風味，若使用鍋底較薄鍋具，可於步驟2後將煎好的雞肉取出，改以蘿蔔投入，步驟4再以雞肉替換蘿蔔投入可降低焦化現象。

◆ 茄子紫色部分貼著底下湯汁，上面用其他食材壓住，茄子能呈現美麗的紫色。

◆ 罐頭切塊番茄也可使用罐頭番茄糊替代，調味也可按自己喜好撒入乾式香料。

辣味白菇牛肉干絲

鹹香爽脆的菇菇和甜椒炒牛肉，
再拌入清爽的干絲，
一個人也能完食滿滿一鍋喔！

鍋具：琺瑯鑄鐵湯鍋

容量：18cm / 1.75L

材料 [2人]

雪花牛火鍋肉片…180g
干絲…200g
白精靈菇…100g
舞菇…100g
黑蠔菇…50g

彩椒…120g
芹菜管…40g
蒜瓣…15g
薑片…15g
朝天椒…3支

調味料

油…適量
小蘇打粉…1/2小匙

醬汁

醬油…3大匙

糖…3小匙
清酒…1大匙
芝麻油…1大匙
花椒油…1小匙

作法

❶ 蒜瓣和薑片都切細末、彩椒切粗絲、白精靈菇對切、黑蠔菇和舞菇都剝小株、芹菜管切段、朝天椒切小丁。

❷ 起一鍋滾水將干絲放入後關火，隨即加少許小蘇打粉快速翻拌數秒去除鹼味，將干絲瀝出來並用冷水漂洗3至4次，最後一次務必用食用水漂洗瀝乾，鍋子也沖洗擦乾。

❸ 中小火起油鍋，先將牛肉煎一下大約八分熟可起鍋，接著放入薑末蒜末並補點油煸出香氣。

❹ 放入所有菇菇，耐心翻炒直到菇菇都炒熟收乾水分，可查看鍋底水分是否收乾，接著放入彩椒、芹菜、八分熟的牛肉和朝天椒，倒入醬汁慢慢翻炒。

❺ 甜椒和芹菜都炒熟可關火，倒入干絲慢慢翻拌均勻就完成了。

美味小撇步

◆ 把菇菇炒至收乾水分需要一點時間，菇菇收乾水分後口感會變非常爽脆。

◆ 干絲漂洗後務必瀝乾，放進鍋裡翻拌才會入味。

蛋煎櫻花蝦絲瓜

很喜歡台菜名店裡的蛋煎干貝絲瓜，
速速用櫻花蝦取代干貝乾，
加少許蒟蒻卷就是好吃減醣料理！

 鍋具：琺瑯鑄鐵煎鍋

容量：20cm / 1L

材料［1人］

絲瓜⋯1條約500g
蒟蒻卷⋯50g
櫻花蝦⋯4g
雞蛋⋯2顆
清水⋯200ml

調味料

油⋯適量
鹽⋯適量
白胡椒⋯適量

作法

❶ 絲瓜切長條塊、櫻花蝦沖洗後擦乾。

❷ 先起一鍋滾水將蒟蒻卷汆燙去腥瀝乾備用，再把鍋裡水倒掉。

❸ 原鍋中小火起油鍋，待油燒熱打入兩顆雞蛋，耐心煎至蛋白全熟，

❹ 雞蛋旁邊放入櫻花蝦炒出香氣，再輕輕放入絲瓜，倒入清水，蓋鍋煮滾。

❺ 湯滾調整一下絲瓜，並把絲瓜煮軟後加少許鹽調味，放入蒟蒻卷煨煮一會兒。

❻ 最後撒入少許白胡椒粉即完成。

美味小撇步

◆ 用鑄鐵鍋煎荷包蛋不需要翻面，待湯汁煨煮過後，雞蛋可輕易鏟起。

◆ 若想把荷包蛋兩面都煎焦酥再煮絲瓜，可使用不沾湯鍋操作。

板豆腐煎蛋煮

這鍋煮起來無敵簡單，
雖然沒有肉也沒有澱粉，
但吃起來挺好吃也有飽足感，
歡迎一起來亂亂煮。

鍋具：陶瓷不沾小炒鍋
容量：18cm / 0.8L

材料 [1人]
板豆腐…200g
櫛瓜…100g
黃豆芽…50g
牛番茄切圈…1片

雞蛋…2顆
清水…300ml

調味料
油…適量

白醬油…1大匙
鹽…少許
胡椒鹽…少許

作法

❶ 雞蛋加少許鹽攪打均勻、牛番茄任意分切、豆腐和櫛瓜切大丁。

❷ 中小火起一小不沾鍋，倒點油耐心將板豆腐和櫛瓜煎至微焦，撒入少許胡椒鹽翻拌入味，再把豆腐和櫛瓜整理一下均勻分布在鍋裡。

❸ 轉小火倒入蛋汁，待蛋汁受熱邊緣膨起成形，若用筷子可輕易轉動鍋中的煎蛋，此時煎蛋約莫七分熟。

❹ 接著務必轉小火，用筷子抬起煎蛋的一角，從此處緩緩倒入清水，使水能流到鍋底。

❺ 最後放入黃豆芽，倒入白醬油調味，煮軟黃豆芽飄出香氣即完成。

美味小撇步

◆ 務必有耐心把煎蛋煎成形再倒入水，這樣才能吃到完整的湯煎蛋。

◆ 將清水倒入鍋中時務必少量慢慢倒入，此時鍋底蒸汽往上衝非常滾燙，請小心。

無水白菜滷

不加水也沒有肉，
　　　炒香家常配料加上慢火煨煮的白菜滷，
釋出鮮香清甜湯頭，
　　　每一滴都好好喝。

鍋具：琺瑯鑄鐵湯鍋

容量：20cm / 2.4L

材料 [3人]
大白菜…1200g
雞蛋…3顆
乾鈕扣菇…30g
胡蘿蔔…100g

櫻花蝦…6g
薑或蒜…20g
蔥花…少許

調味料
油…適量

醬汁
薄鹽醬油…4大匙
冰糖…1大匙
清酒…3大匙
白胡椒…適量

作法

❶ 大白菜切大塊、薑切細末或切絲、胡蘿蔔切粗絲、雞蛋攪打均勻成蛋汁。

❷ 鈕扣菇洗淨泡冷水，泡軟後擠乾水備用，若使用較大乾香菇則泡軟後擠乾切絲。

❸ 中小火起油鍋，熱鍋倒入蛋汁並快速攪拌蛋汁成炒碎蛋，可多炒一會兒飄出蛋香先將炒蛋取出。

❹ 原鍋補點油放入薑末和櫻花蝦煸出香氣，接著放入乾香菇和胡蘿蔔拌炒。

❺ 乾香菇飄出香氣、胡蘿蔔也炒軟，將大白菜放入鍋裡，塞滿就蓋上鍋蓋。

❻ 大白菜體積較大，一次無法全部放完，大白菜燜軟體積變小可再放入大白菜，繼續蓋鍋。

❼ 大白菜都放完了，把炒碎蛋也放回鍋裡，此時大白菜已釋出湯汁，可將醬汁倒入，再蓋上鍋蓋。

❽ 轉小火煨煮，直到大白菜呈現喜歡的口感，翻拌後撒入蔥花就可以開動了。

美味小撇步

◆ 這道以20公分湯鍋示範，大白菜分3次放入，食材份量和鍋具可依家需求調整。

◆ 若想加磅皮（肉皮），建議泡軟肉皮後滾水汆燙洗淨擠乾水，和炒碎蛋一起下鍋。

抱蛋時蔬煎豆包

這道吃起來有豆包和煎蛋的香酥，
也有蔬菜爽脆輕甜口感，
輕鬆減醣又不吃美味。

鍋具：琺瑯鑄鐵煎鍋
容量：20cm / 1L

材料［1人］
生豆包…120g
雞蛋…2顆
綠花椰…70g
金針菇…50g

小番茄…50g
甜椒…50g
蔥花…少許

調味料
油…適量
美乃滋…1小匙
鹽…適量
清酒…1/2大匙

黑胡椒…適量

作法

1. 豆包用紙巾擦乾順紋撕小條、其他蔬菜全分切小塊、雞蛋加入美乃滋和少許鹽攪打均勻。

2. 中小火起油鍋，熱鍋下豆包絲，耐心煎焦焦後取出，生豆包易黏鍋，使用不沾鍋更好操作。

3. 接著放入金針菇和小番茄，補少許油翻炒，金針菇炒乾後放入綠花椰、少許鹽和清酒調味。

4. 放入甜椒並把鍋裡的蔬菜撥到鍋子一側，另一側放入煎焦酥的豆包，把蔬菜夾到豆包上，然後將豆包慢慢平均撲滿鍋底，再將蔬菜均勻鋪在豆包上。

5. 倒入蛋汁並撒上少許蔥花，蓋上鍋蓋轉小火，等蛋煎熟撒入黑胡椒即完成。

美味小撇步

◆ 第4步驟是懶人挪移法，若完成第3步驟後將蔬菜都先倒出來，把煎豆皮鋪在鍋底，再把炒好蔬菜和甜椒鋪在豆包上也可以。

◆ 最後一個步驟需要有點耐心等雞蛋煎熟，若沒時間可沿著鍋邊淋一大匙水再蓋鍋燜，蛋會比較快熟。

鹽麴味噌菇菇

有點耐心把菇菇炒乾，
多種菇菇加蔬菜，
簡單調味，
每一口都爽脆、入味、清爽，
低醣飽足又健康。

鍋具：琺瑯鑄鐵湯鍋
容量：18cm / 1.7L

材料［1人］
杏鮑菇…100g
白精靈菇…100g
黑蠔菇…100g
翠玉娃娃菜…100g

醜豆…65g
豆干…3塊
蒜末…10g
蔥花…30g
辣椒…可略

調味料
油…適量

醬汁
鹽麴…1大匙

白味噌…1大匙
清酒…2大匙

作法

❶ 豆干切片、醜豆斜切段、娃娃菜不切、杏鮑菇切薄片、黑蠔菇剝小株、白精靈菇對半切。

❷ 中小火起油鍋，熱鍋將豆干兩面煎焦酥，先取出。

❸ 接著轉小火倒入蒜末和蔥花，若鍋子太乾可補點油、將蔥蒜炒出香氣。

❹ 三種菇菇可一起下鍋炒乾，若跟我一樣使用小鍋，就先放入黑蠔菇，耐心拌炒，菇菇體積變小可下白精靈菇，再繼續翻炒至鍋裡空間可再放入杏鮑菇，繼續耐心翻炒。

❺ 三種菇菇持續翻炒過程，水分會釋出再收乾，接著放入娃娃菜和醜豆，蓋鍋燜2分鐘。

❻ 開蓋查看鍋底仍有少許湯汁時，把豆干倒回鍋裡，加入辣椒和醬汁拌炒均勻即完成。

美味小撇步

◆ 若使用鑄鐵鍋，鍋一定要燒熱來煎豆干才不會黏鍋。

◆ 鹽麴和味噌可依實際使用的鹹淡口味調整份量。

清冰箱蔬菜烘蛋

這道烘蛋口感滑嫩，
吃起來飽足又健康，
即使兩人分食也可充飢喔！
一鍋到底的烘蛋上菜嘍！

鍋具：陶瓷不沾湯鍋
容量：16cm / 1.2L

材料［1人］
洋蔥…70g
金針菇…100g
栗南瓜…100g
秋葵…5根

蔥花…隨喜好

調味料
油…適量
芝麻油…少許

調味蛋汁
雞蛋…3顆
清水…100ml
鰹魚露…2大匙
鹽…1/2小匙

作法

❶ 全部蔬菜都切小丁，調味蛋汁攪拌均勻備用。

❷ 中小火起一不沾鍋倒適量油，倒入洋蔥、金針菇和南瓜拌炒，炒至南瓜變軟。

❸ 將秋葵和調味蛋汁倒入鍋裡，用筷子畫圓方式攪拌，不停攪拌。

❹ 接著用湯匙將鍋子邊緣較成形的蛋翻到中間，直到蛋液慢慢凝結，用湯匙把黏在鍋子的少許烘蛋刮到烘蛋表面。

❺ 蓋上鍋蓋轉最小火燜5分鐘後，用湯匙按壓烘蛋一側，若另一側可微微翹起就可關火。

❻ 最後撒入少許蔥花和芝麻油即完成。

美味小撇步

◆ 蔬菜可隨自己喜好替換，要加肉類海鮮皆可，炒熟份量務必不高於調味蛋汁，唯倒蛋汁前，除了秋葵這類很快熟的食材外，其餘食材都要先炒熟。

◆ 烘蛋成功關鍵是調味蛋汁中的液體比例，增減雞蛋用量時請務必調整。

Chapter

肚子3分餓，
　　只想解饞不想吃太飽

亂亂煮只想
喝個湯

鹽麴建長湯

將板豆腐和其他食材炒香後入水煨煮10分鐘，
就能獲得一鍋清甜又富有豆香的好湯，
湯裡的碎豆腐有QQ的嚼勁很特別，
無須高湯也能喝到有層次的湯頭，
即使隔餐加熱來喝也一樣好好喝。

鍋具：陶瓷耐熱鍋
容量：19cm / 1.5L

材料 [2人]

豬里肌肉片…200g
板豆腐…200g
高麗菜…150g
白蘿蔔…150g
胡蘿蔔…50g
蘑菇…50g

玉米…80g
青蔥…1支
清水…400ml

調味料
油…適量
芝麻油…適量

鹽麴…2大匙
白胡椒…適量

作法

❶ 板豆腐用重物壓1小時壓出水，剝碎備用，高麗菜切小塊、紅白蘿蔔切塊厚度約0.5公分，蘑菇不切，玉米切圈，青蔥切蔥花。

❷ 中小火起油鍋，先把里肌肉煎乾組織液後取出，原鍋放入碎豆腐補點芝麻油拌炒，炒出豆香。

❸ 接著放入蘑菇、高麗菜和胡蘿蔔翻炒，不太翻得動慢慢翻沒關係，有炒軟即可。

❹ 此時倒入2大匙鹽麴再將蔬菜稍微拌炒後，就放入白蘿蔔、炒熟的里肌肉片和玉米。

❺ 加入清水，蓋鍋煮滾，湯滾撈除浮沫，轉小火蓋鍋繼續煨煮10分鐘。

❻ 最後撒入蔥花和少許白胡椒就可開動嘍！

美味小撇步

◆ 蘿蔔和高麗菜可使湯頭清甜，其餘蔬菜可自由替換，若想加綠色葉菜，建議步驟6再投入煮熟即可。

◆ 鹽麴各家鹹淡不一，可依照實際口味調整份量。

番茄金菇酸辣湯

不太餓只想喝碗熱呼呼的湯，
酸辣湯很適合，
遇上無肉日，
只要將肉片和水血從食譜上移除。

鍋具：琺瑯鑄鐵湯鍋
容量：18cm / 1.75L

材料［2人］
牛番茄…200g
豬里肌肉片…60g
金針菇…200g
水血…120g
嫩豆腐…1/2盒
木耳…50g
秋葵…7根

雞蛋…2顆
蒜瓣…2粒
蔥花…15克
清水…600ml

調味料
油…適量
醬油…1大匙

鹽…適量

醬汁
醬油…1大匙
白醋…2大匙
烏醋…2大匙
糖…2小匙
芝麻油…1小匙

白胡椒粉…1小匙

芡汁（可略）
玉米粉…1大匙
清水…2大匙

作法

❶ 牛番茄和秋葵切小丁、里肌肉片切小塊、金針菇切小段、木耳切絲、嫩豆腐和水血切小塊、蒜瓣切細末、雞蛋攪打均勻，醬汁拌勻備用。

❷ 中小火起油鍋，先下牛番茄耐心炒軟，接著倒入金針菇繼續拌炒至金針菇變軟。

❸ 倒入里肌肉片、蒜末和1大匙醬油拌炒入味。

❹ 放入豆腐、水血和清水，蓋鍋等湯煮滾。

❺ 湯滾放入秋葵和木耳，等秋葵煮軟後倒入醬汁調味，若不夠鹹可補少量鹽後輕輕拌勻。

❻ 接著緩緩倒入芡汁，此步驟可省略。

❼ 湯再燒滾則慢慢倒入蛋汁，靜待1～2分鐘等蛋花煮熟。

❽ 最後撒入蔥花即完成。

美味小撇步

◆ 加入秋葵，不但可攝取蔬菜，煮好的湯有微微的濃稠感，所以我這鍋並沒有使用芡汁。

◆ 白胡椒的份量會影響酸辣的風味，怕辣的話可以等湯煮好再酌量添加。相反地，若覺得不夠辣可以另外添加紅油。

Cooking

73

番茄胡蘿蔔五花肉湯

炒軟牛番茄和胡蘿蔔釋出雙重甜度，
加上黃豆芽的特殊口感，
即使簡單調味也有好滋味！

鍋具：琺瑯鑄鐵湯鍋
容量：18cm / 1.75L

材料 [2人]

五花肉…200g	雞蛋…2顆
牛番茄…200g	蔥花…適量
鴻禧菇…100g	清水…700ml
胡蘿蔔…80g	
黃豆芽…150g	**調味料**
韓式魚板…60g	油…適量
	白醬油或鰹魚露…3大匙

作法

❶ 胡蘿蔔刨細絲、牛番茄切丁、鴻禧菇切除根部剝小株、雞蛋攪打均勻。

❷ 中小火起油鍋，下蛋汁炒成形可先出鍋備用。

❸ 接著倒入五花肉，並將豬肉組織液炒乾，豬肉微焦也先夾出來。

❹ 利用鍋裡的豬油來炒番茄丁和胡蘿蔔絲，耐心炒軟，若太乾不好炒可視情況補少許油。

❺ 倒入鴻禧菇拌炒，鴻禧菇炒軟後放入豆芽菜和魚板，並倒入清水，蓋鍋煮滾。

❻ 湯滾一會兒待黃豆芽釋出風味，倒入白醬油輕輕拌勻。

❼ 最後將炒蛋和五花肉夾回湯裡，撒上蔥花即完成。

美味小撇步

◆ 不想攝取大量澱粉時，份量很足的黃豆芽、五花肉和魚板，兩人分食也能吃飽飽。

◆ 胡蘿蔔和番茄務必耐心炒軟，這是這鍋湯頭美味的關鍵。

Cooking

74

絲瓜蘑菇五花肉湯

五花肉片炒焦焦再煮，
吃起來肉香很足口感軟嫩，
一整條絲瓜加上少許豆腐，
沒有麵條也能吃很飽。

鍋具：琺瑯鑄鐵湯鍋
容量：18cm / 1.7L

材料 [1人]
五花肉片…200g
絲瓜…1條 (約500g)
蘑菇…80g
板豆腐…80g
蒜瓣…2個
清水…500ml

調味料
清酒…1大匙
白醬油或鰹魚露…2大匙
鹽…適量
辣椒粉…適量

作法
❶ 蘑菇對切、蒜瓣切細末、絲瓜切小長條塊、板豆腐切大塊。
❷ 中小火起鍋不放油，下五花肉片炒至變白後倒入清酒耐心煎到微焦先夾出來。
❸ 接著倒入蘑菇和蒜末拌炒，蘑菇也微焦飄出蒜香，放入絲瓜、板豆腐，倒入清水蓋鍋煮滾。
❹ 湯滾若表面產生浮沫，請務必撈除。
❺ 倒入鰹魚露，若覺得不夠鹹再補少許鹽調味。
❻ 最後把五花肉片夾回鍋裡，撒入辣椒粉即完成。

美味小撇步
◆ 五花肉片炒焦焦後會煸出許多豬油，拿來炒蘑菇很剛好。
◆ 湯頭裡的浮沫撈除乾淨，湯頭比較清爽。

酸菜瘦肉大黃瓜湯

很喜歡酸菜湯，
酸勁兒入口帶點回甘，
添一些雞高湯、再切點大黃瓜，
湯頭立刻升級。

鍋具：陶瓷耐熱鍋
容量：19cm / 1.5L

材料 [2人]
豬里肌肉片…200g
大黃瓜…250g
酸菜心…80g
腐竹…125g
薑絲…少許
雞高湯…300ml

清水…300ml

調味料
油…適量
鹽…適量
白胡椒…適量

作法

❶ 酸菜片成薄片泡水半小時後瀝乾備用、大黃瓜去皮切成長條塊、腐竹清洗瀝乾。

❷ 中小火起油鍋，下薑絲稍微煸出薑香，倒入豬肉片炒乾豬肉組織液。

❸ 放入酸菜和大黃瓜，接著倒入雞高湯和清水，蓋鍋煮滾。

❹ 湯滾轉小火繼續蓋鍋，把黃瓜煮到喜歡的軟度。

❺ 嚐嚐湯頭，我的經驗酸菜夠鹹加上雞高湯有鹹，應該不須另外添鹽，若不夠鹹再加少許鹽調整。

❻ 最後放入腐竹，待湯再滾，撒入少許白胡椒粉即完成。

美味小撇步

◆ 這裡使用市售雞高湯有加鹽、鈉含量高，所以用清水稀釋，若使用自己熬煮無鹽雞高湯可直接使用600ml。

◆ 瘦肉炒好沒有先拿出來，使用陶鍋小火慢慢煨煮，瘦肉口感並不會乾柴。

◆ 若使用腐竹乾，需先泡軟再下鍋。

Cooking

76

玉米蛋花牛肉湯

想喝湯，有飽足感，懶得洗菜嗎？
煮這一鍋就對了！

鍋具：琺瑯鑄鐵湯鍋
容量：18cm / 1.75L

材料 [2人]

雪花牛…100g
櫛瓜…1條
蘑菇…60g
玉米粒…100g
雞蛋…2顆
蒜瓣…2粒

蔥花…10g
清水…700ml

調味料

油…適量
白醬油…2大匙
清酒…1大匙

白胡椒…適量

芡汁

玉米粉…1.5大匙
清水…3大匙

作法

❶ 蘑菇對切、蒜瓣切細末、櫛瓜切1公分厚、雞蛋攪打均勻。

❷ 中小火起油鍋，下蘑菇和蒜末拌炒出蒜香，加水後蓋鍋煮滾。

❸ 湯滾放入櫛瓜、玉米粒並倒入白醬油和清酒調味。

❹ 接著緩緩倒入芡汁，輕輕攪拌。

❺ 湯再度滾開夾入雪花牛肉片，倒入蛋汁靜待1分鐘。

❻ 最後撒入白胡椒和蔥花即完成。

美味小撇步

◆ 玉米粒用新鮮的或罐頭皆可。

◆ 白醬油可用一般醬油取代，份量可依口味微調。

185

紫菜蝦仁羹

一勺羹吃起來有多重美妙的口感，
軟嫩的蛋花和紫菜、爽脆的洋蔥、
滑嫩有嚼勁的菇菇和Q彈的蝦球，
一起來嚐嚐看。

鍋具：陶瓷不沾湯鍋

容量：18cm / 1.5L

材料 [2人]
白蝦仁…180g
洋蔥…1/2顆
鴻禧菇和金針菇…共150g
油豆腐…150g
紫菜…6g
雞蛋…2顆
蒜瓣…2粒
蔥花…10g

清水…600ml

抓洗料
太白粉…1大匙
米酒…2大匙

調味料
油…適量
鰹魚露…3大匙

白胡椒粉…適量
芝麻油…少許

芡汁
玉米粉…1大匙
清水…2大匙

作法

❶ 白蝦仁開背去腸泥，用抓洗料抓出組織液後以清水沖洗乾淨，瀝乾或擦乾備用。

❷ 菇菇和洋蔥切小丁、蒜瓣切細末、雞蛋攪打均勻、紫菜用清水沖軟瀝乾備用。

❸ 中小火起油鍋放入蝦仁，炒至八分熟變成蝦球先夾出來。

❹ 接著放入洋蔥、菇菇和蒜末翻炒至洋蔥變半透明，倒入油豆腐、紫菜和清水，蓋鍋煮滾。

❺ 湯滾倒入鰹魚露和芡汁，輕輕攪拌，待湯再燒滾以畫同心圓方式倒入蛋汁靜待一分鐘。

❻ 將蝦球倒進羹湯裡稍微翻拌，攪散蛋花，撒入白胡椒粉和蔥花。

❼ 最後淋少許芝麻油即完成。

美味小撇步

◆ 白蝦盡量擦乾，下鍋油煸才會鮮甜。

◆ 芡汁或芝麻油皆可依偏好使用。

187

蒜頭雞肉蛤蜊湯

簡簡單單的4樣食材，
無須調味，
透過烹調生出一鍋好湯，
還能增強免疫力。

鍋具：陶瓷不沾湯鍋

容量：18cm / 1.6L

材料 [1人]
去骨雞腿排…250g
翠玉娃娃菜…120g
蛤蜊…300g
蒜頭…80g
清水…700ml

調味料
白胡椒…適量

作法

❶ 去骨雞腿肉切塊、蛤蜊吐沙洗淨、娃娃菜洗淨不切、蒜瓣去皮不要切。

❷ 中小火起鍋無須放油，雞腿肉雞皮朝下耐心煎焦酥，兩面都煎上色。

❸ 放入蛤蜊並加清水200ml，蓋鍋等蛤蜊殼打開，隨即將蛤蜊先夾出來。

❹ 接著放入娃娃菜和蒜頭，加入清水500ml，蓋鍋等湯滾轉小火繼續煮10分鐘。

❺ 最後將蛤蜊夾回鍋裡，只須隨喜好撒入少許白胡椒粉即完成。

美味小撇步

◆ 蛤蜊用鹽水吐沙，湯頭無須加鹽，娃娃菜可用大白菜取代湯頭更清甜。

◆ 蒜頭燜煮10分鐘，精華已釋放在湯頭裡，口感熟透而不軟爛也很好吃。

南瓜山藥海鮮濃湯

不用果汁機、也不用均質機，
認真攪拌就好，
滿滿好料的南瓜濃湯慰勞自己和愛的人。

鍋具：琺瑯鑄鐵煎鍋
容量：20cm ／ 1L

材料 [2人]

南瓜…400g
大蝦仁…150g
透抽…100g
蟹腿肉…100g
山藥…100g

蒜泥…10g
洋蔥泥…30g
牛奶…400ml

調味料

油…適量

鹽…適量
白胡椒…適量
清酒…適量
洋香菜葉…少許

作法

❶ 南瓜帶皮用電鍋蒸軟放涼，挖出南瓜肉備用，山藥切2公分方塊。

❷ 蝦仁去腸泥、透抽切圈、蟹腿肉盡量挑除殘餘蟹殼，海鮮清洗瀝乾，撒上少許鹽、白胡椒和清酒靜置5分鐘，海鮮取出用乾紙巾完全吸乾多餘水分。

❸ 中小火起油鍋，先把蝦仁兩面煎微焦後取出，接著轉小火放入蒜泥和透抽，透抽煎熟也夾出來。

❹ 原鍋放入洋蔥泥，補一點油炒出洋蔥香氣，把蒸熟的南瓜肉倒入鍋裡，耐心拌炒3分鐘。

❺ 接著倒入牛奶，轉中小火烹煮，用湯匙慢慢攪拌避免黏鍋，使南瓜和牛奶充分混合。

❻ 湯滾繼續攪拌至喜歡的濃度，倒入山藥丁和蟹腿肉再繼續攪拌至湯滾。

❼ 最後倒入煎熟的蝦仁和透抽，撒入少許洋香菜葉即完成。

美味小撇步

◆ 用油把洋蔥泥和南瓜泥炒一炒再煮湯，香氣較佳。

◆ 南瓜和牛奶比例相同，煮出來的南瓜湯清甜無須再加鹽。

青菜豆腐蛋包湯

肚子不餓或天冷想喝碗簡單的熱湯，
就來這鍋素而不凡的青菜豆腐蛋包湯吧！
無須弄髒手處理肉或海鮮，
打顆雞蛋也很有營養啦！

鍋具：陶瓷不沾湯鍋
容量：18cm / 1.6L

材料 [1人]

板豆腐…100g
牛番茄…100g
鴻禧菇…100g
皇宮菜…150g (青菜皆可)
雞蛋…1顆
清水…600ml

調味料

油…適量
白胡椒…適量

醬汁

白醬油…2大匙
糖…1小匙

作法

❶ 板豆腐切小塊或提前切小塊冷凍、牛番茄切小塊、鴻禧菇剝小株、青菜切或折小段。

❷ 中小火起鍋,先不放油來乾煸鴻禧菇,菇菇煸軟體積縮小飄出香氣後,補一點油。

❸ 隨即倒入牛番茄耐心炒軟,接著倒入醬汁將菇菇和番茄炒入味。

❹ 放入豆腐加水,蓋鍋煮滾,湯滾打入一顆雞蛋,繼續煮約2分鐘。

❺ 雞蛋煮成蛋包後,將青菜放到鍋裡並壓入湯中煮熟。

❻ 最後撒入少許白胡椒即完成。

美味小撇步

◆ 耐心將番茄和菇菇炒軟炒香,再倒入醬汁翻炒,這樣簡單入味的食材就成為很基本湯底。

◆ 一個人不太餓時,可用大量青菜來當成鍋物主要食材,吃起來不會太飽,對身體也沒負擔。

味噌花菜乾菇菇湯

耐心將多種菇菇煸出香氣做湯底，
撒入一把花椰菜乾，
慢慢地熬出一番迷人的古早味。

鍋具：陶瓷不沾湯鍋

容量：18cm / 1.5L

材料 [2 人]

花椰菜乾…40g

木耳…40g

胡蘿蔔…50g

新鮮香菇…70g

鴻禧菇…100g

珊瑚菇…60g

蒜瓣…2 個

蔥花…少許

清水…800ml

調味料

油…適量

白味噌…60g

醬油…適量

作法

❶ 花椰菜乾洗淨泡水 10 分鐘瀝乾，木耳撕小塊、蒜瓣切細末、胡蘿蔔切薄片、鴻禧菇和珊瑚菇剝小株、香菇切下蒂頭。

❷ 中小火起油鍋，下胡蘿蔔片和香菇蒂頭，耐心把胡蘿蔔炒軟。

❸ 接著放入所有菇菇拌炒，菇菇炒軟後放入蒜末炒出蒜香，倒入木耳、花菜干加水蓋鍋。

❹ 湯滾關小火將花菜乾煨煮出香氣，接著把白味噌篩進湯裡，均勻化開即可關火。

❺ 嚐嚐湯頭若不夠鹹可補少許醬油，最後撒入蔥花即完成。

美味小撇步

◆ 味噌入湯，湯不須大滾以免降低甜度與香氣。

◆ 菇類可隨自己喜好選用。

蘿蔔洋蔥菇菇湯

冬天盛產的白蘿蔔肉質細緻、
甜度最高，
用銅板價的食材一起熬煮就好喝到不行。

鍋具：琺瑯鑄鐵湯鍋

容量：18cm / 1.66L

材料［2人］

白蘿蔔…350g
洋蔥…80g
鴻禧菇＋黑蠔菇…50g
蔥花…15g
清水…700ml

調味料

油…適量
鹽…1/2小匙
白胡椒…適量

作法

❶ 菇菇剝小株，洋蔥切絲，蘿蔔切半圓片，厚度隨喜好，薄一些煮得快，厚一些煮得慢。

❷ 中小火起一鍋不放油，下菇菇耐心乾煸飄出菇菇香氣。

❸ 放入洋蔥補點油，翻炒出洋蔥香，接著放入蘿蔔並加水，蓋鍋煮滾。

❹ 轉小火慢慢熬煮將蘿蔔煮軟煮透，煮出甜度後補少許鹽調味。

❺ 最後撒入蔥花和少許白胡椒粉即完成。

美味小撇步

◆ 白蘿蔔份量不少於清水的一半，湯頭會比較美味。

◆ 白蘿蔔如果甜度不高，完成的湯頭會呈現較重的洋蔥味。

◆ 調味料可以使用白味噌或自己偏好的品項。

後記

如果克萊兒的第一本料理書《小女鵝和她阿爸的1＋1便當日記》算是為自己人生轉折樹立重要里程碑而生，那麼《有蛋就好吃》則是克萊兒秉持分享情懷使然，而這一本《一鍋到底亂亂煮》則是呼應粉絲期待，是筆者回饋熱情粉絲的重要使命。

將平日煮鍋累積的經驗化作有系統有條理的亂亂煮公式，讓愛吃鍋的湯桶們在家就有好鍋可吃，是《一鍋到底亂亂煮》萌生的意義，82鍋煮完，我家男丁可樂得很，鍋鍋下肚他都沒有缺席。

還有、還有，千萬不要錯過這本書裡所有的美味小撇步，這是克萊兒誠意分享的廚藝進步密技，沒認真看很虧喔！

一起煮鍋吧！湯桶們！

樂

·樂·C·O·L·O·R

咖樂彩虹麵

RAINBOW
NOODLES

無鹽添加
✦ 低鈉麵條

所有小寶貝們~
都能放心吃！

當季嚴選
食材隨季節
變動更換
✦ 8種蔬果製成

獨家添加
✦ 愛爾蘭有機海藻鈣

100%天然鹼性植物鈣
鈣含量是一般麵條的8倍唷！

LINE

首購 享優惠

追蹤 Instagram

追蹤 Facebook

bon matin 146

一鍋到底亂亂煮

作　　　　　者	Claire克萊兒的廚房日記
社　　　　　長	張瑩瑩
總　　　編　　　輯	蔡麗真
封　　面　　設　　計	倪旻鋒
美　　術　　設　　計	TODAY STUDIO
責　　任　　編　　輯	莊麗娜
專　　業　　校　　對	林榮昌
行 銷 企 畫 經 理	林麗紅
行　　銷　　企　　畫	李映柔
出　　　　　版	野人文化股份有限公司
發　　　　　行	遠足文化事業股份有限公司 (讀書共和國出版集團)

　　　　　　地址：231 新北市新店區民權路108-2號9樓
　　　　　　電話：(02) 2218-1417
　　　　　　傳真：(02) 86671065
　　　　　　電子信箱：service@bookrep.com.tw
　　　　　　網址：www.bookrep.com.tw
　　　　　　郵撥帳號：19504465 遠足文化事業股份有限公司
　　　　　　客服專線：0800-221-029

法律顧問	華洋法律事務所 蘇文生律師
印製	凱林彩印股份有限公司
初版一刷	2023年01月17日
初版六刷	2024年07月15日

978-986-384-831-8(ISBN)
978-986-384-830-1(EPUB)
978-986-384-829-5(PDF)

有著作權・侵害必究

歡迎團體訂購，另有優惠，請洽業務部 （02）2218-1417 分機 1124

國家圖書館出版品預行編目 (CIP) 資料
一鍋到底亂亂煮/Claire克萊兒的廚房日記著. --
初版. -- 新北市：野人文化股份有限公司出版：遠
足文化事業股份有限公司發行, 2023.01　200面
;17*23公分. -- (bon matin ; 146)
ISBN 978-986-384-831-8(平裝)

1.CST: 食譜
427.1
　　　　　　　　　　　111021086